rowohlt
PAPERBACK

Gerhard Krug

Tarnen, tricksen, täuschen

Das erfolgreiche Projektmanagement

Rowohlt Taschenbuch Verlag

Originalausgabe
Veröffentlicht im Rowohlt Taschenbuch Verlag,
Reinbek bei Hamburg, August 2008

Satz Swift PostScript (InDesign) bei
Pinkuin Satz und Datentechnik, Berlin
Druck und Bindung CPI – Clausen & Bosse, Leck
Printed in Germany
ISBN 978 3 499 62364 6

Inhalt

Was ist dieses Buch?

Dieses Buch ist unwissenschaftlich!
Stimmt! Es wird nicht korrekt zitiert. Literaturhinweise sind Mangelware. Aber man kann es nach einem langen Arbeitstag noch vor dem Einschlafen lesen und Ideen mitnehmen, ohne einen Satz dreimal lesen zu müssen. Wenn das gelingt, hat es sein Ziel erreicht.

Dieses Buch richtet sich nur an Anfänger!
Stimmt fast! Aber man sollte sich auch als erfahrener Projektleiter immer wieder selbst von «außen» betrachten. Vielleicht merkt man dann, was sich seit Jahren eingeschliffen hat und halt so ist, weil es so ist. Man kann sich immer verbessern. Aber wirklich Neues steht nicht drin. Ich glaube, es gibt im Projektmanagement auch gar nichts wirklich Neues mehr.

Dieses Buch ist verantwortungslos!
Stimmt nicht! 70 % aller Projekte vernichten Kapital. Die, die dafür verantwortlich sind, missbrauchen ihre Projektleiter für eigene Karriereziele. Oder Sie sind schlicht unfähig! Also müssen die Projektleiter versuchen, zu überleben, und sie müssen wissen, welche Mechanismen hier wirken. Die meisten Projektleiter sind technisch orientiert und werden deshalb von den anderen mit dem schnellen Mundwerk überfahren und ausgenutzt! Also ist es an der Zeit, dass sie dieses Wissen nachholen. Deshalb ist dieses Buch möglichst einfach geschrieben, sodass man es auch am Abend noch lesen kann, weil man dabei vielleicht auch noch gut unterhalten wird. Und nur wer weiß, wie man Projekte tötet, kann verhindern, dass seines von anderen getötet wird (siehe auch Seite 135 ff.).

Dieses Buch ist tendenziös!

Stimmt! Alle reden ständig vom netten Kollegen und dass wir alle gut zusammenarbeiten und eine große Familie sind. Das ist eine der größten Lügen im Arbeitsalltag. Wenn es zu Problemen kommt, merkt man schnell, dass die ethischen Grundregeln, die an der Wand im Sitzungszimmer hängen, nur dort hängen, damit deine Chefs sie nicht ständig vor Augen haben. Die meisten Firmen sind genau das Gegenteil einer Wohlfühlgemeinschaft: ein Haifischbecken.

Also muss sich der Projektleiter wehren. Und dieses Buch soll dir dabei helfen. In den meisten Firmen gilt das Gesetz des Dschungels: fressen und gefressen werden. Also sei schlau und nutze die Deckung des Halbdunkels. Business ist Kapitalismus, und Kapitalismus ist Krieg! Der Stärkere überlebt. Da sind uns die Amerikaner weit voraus und deshalb so erfolgreich. Für sie ist der Krieg Alltag. Und Krieg führen sie auch im Geschäftsleben. Wenn du in einer amerikanischen Tochterfirma arbeitest, dann weißt du, wovon ich rede.

Reservate sind im Geschäftsleben so selten wie auf der Weltkugel. Wenn du verstehen willst, wie ich das meine, lies Machiavelli: «Der Fürst». Dann setz' statt Fürst den Geschäftsführer, statt Söldner die Mitarbeiter und statt Fürstentum deine Firma. Du wirst staunen, wie viel Ähnlichkeiten dort bestehen. Und das Buch ist fast 500 Jahre alt (1513 geschrieben).

Dieses Buch ist eine Aneinanderreihung von Plattitüden!

Richtig! Was du schon immer wusstest, aber nie auszusprechen wagtest, wird hier niedergeschrieben. Basta. Vielleicht hilft es dir, mal wieder Mut zu fassen und nicht zu verzweifeln. Dann hat es seinen Zweck erreicht. Du bist gar nicht so daneben, auch wenn du manchmal das Gefühl hast, es zu sein.

Dieses Buch ist weltfremd!

Falsch! In zwanzig Jahren Projektgeschäft habe ich gelernt, dass es nur wenige wirklich wichtige Dinge im Projektmanagement gibt. Nämlich in der Firma mit seinem Projekt zu überleben und seinen Job zu behalten und dafür möglichst auch noch gut bezahlt zu werden.

Und das kann man mit wirklich wenigen grundsätzlichen Eigenschaften und Kenntnissen erreichen. Das ist hier in das Buch eingeflossen. Wenn die Arbeit dann auch noch Spaß macht, kannst du dich glücklich schätzen. Das ist bei vielen deiner Kollegen nicht der Fall.

Dieses Buch stachelt zur Unredlichkeit an!

Stimmt fast. Frauen sind meist viel ehrlicher als Männer und geben Schwächen zu. Ergebnis: Du findest nur männliche Frauen in den Chefetagen, und diese sind dann die seltenen Orchideen des Dschungels. Die anderen hat dieser verschluckt und unten im Halbdunkel gelassen.

Also musst du schlau sein. Ich habe da ein einfaches schwäbisches Zitat im Kopf: Dumm darfsch scho sei, aber nit blöd! (Für Nichtschwaben: Dumm darfst du schon sein, aber nicht blöde.)

Dieses Buch ist vorgesetztenfeindlich!

Stimmt! Ich bin selbst einer. Ob ein guter, kann ich nicht beurteilen. Die meisten meiner Chef-Kollegen sind eher zweitklassig, dafür aber umso rücksichtsloser, wenn es um die eigenen Vorteile geht. Nix gschafft (gearbeitet) im Leben, aber es nach oben geschafft! Sie geben Geld sinnlos aus bzw. nur für die eigene Karriere und bestrafen dann die, die nichts dafür können. Da wird mal schnell eine Million in den Sand gesetzt und danach mit dir über 2,30 Euro zu viel Spesen diskutiert. Also wehr dich, und zwar so elegant, dass die es nicht merken und du überlebst.

Dieses Buch legt zu viel Wert auf das Thema Sitzungen!

Stimmt nicht! Die meisten Projekte werden in den Sitzungen gewonnen oder verloren. Nicht im Büro und nicht in der Technik. Sitzungen sind wie Kriegsaufmärsche. Der Bessere gewinnt die Schlacht und oft auch den Krieg. Schau dich einfach in deiner Firma um. Deshalb ist dieser Teil so ausführlich beschrieben und wiederholt sich teilweise auch. Bis du es verinnerlicht hast.

Und außerdem ist das Wissen über die Gruppensoziologie bei den meisten Projektleitern sehr gering. In den technischen Studiengängen hörst du nie etwas davon. Das kannst du hier nachholen. Und das Wissen um diese Dinge wird dir helfen, hier nicht unterzugehen.

Dieses Buch ist konfliktfördernd!

Weiß ich nicht! Aber es stellt viele Personen in Frage, und somit ist die Wahrscheinlichkeit hoch, dass mal einer sich etwas traut und seine Meinung frei äußert. Schließlich lebt ein ganzes Heer von Beratern davon, allen möglichen Blödsinn, sprich Methoden, zu verkaufen. Und die Chefs brauchen sie, da sie selbst häufig nur zweitklassig sind und das Schiff nur steuern können, wenn das Wetter gut ist. Die Gebissenen werden sich wehren. Macht aber nichts. Hauptsache du hast an mindestens einer Stelle davon profitiert und kannst dann dagegenhalten und die neue Managementtheorie kontern oder ad absurdum führen. Auf zu neuen Taten.

Das «Du» in diesem Buch ist anbiedernd!

Stimmt nicht! Ich habe das Du gewählt, weil ich dich ansprechen möchte. Und zwar deine Gefühle. Nur wer Gefühle hat und dann auch zeigt, kann sich verändern. Vielleicht auch bestätigt fühlen.

Identifizier dich mit den Themen und Aussagen, oder nicht. Auch egal! Dann lass dich einfach unterhalten. Hauptsache du machst dir Gedanken über dich und deine Projekte. Egal, ob du die Thesen dieses Buches teilst oder nicht. Veränderung geschieht nur durch Druck oder Begeisterung für eine Sache. Auch die Erkenntnis, dass du schon bisher alles gut gemacht hast, ist eine. Und wenn du über dich nachdenkst, dann bist du schon weiter als 80 % deiner Mitmenschen und Kollegen. Und du verspürst vielleicht den Drang, etwas zu ändern.

Man kann auch von Negativem lernen. Wenn du das Du nicht aushältst, lege das Buch gleich wieder zurück, bevor du an die Kasse gehst. Warum erst noch Geld ausgeben, wenn die Losung heißt: Weiter so.

Warum gerade du?

Du wurdest zum Projektleiter ernannt. Glückwunsch! Dann stellen wir zunächst fest, dass du etwas falsch gemacht hast. Da hilft jetzt nur noch schonungslose Analyse!

Warum hast gerade du dieses Projekt an der Backe? Man lässt sich nicht einfach ein Projekt aufschwatzen! Du hast dir wahrscheinlich nicht klargemacht, dass du völlig überlastet bist, oder du hast schlicht gepennt. Oder schlimmer noch, du hast dich irgendwie freiwillig gemeldet oder dies signalisiert. Und nun sitzt du in der Patsche und sollst das Projekt zum Erfolg führen, den es gar nicht geben kann, da es sinnlos ist.

Du musst nun sehen, wie du zurechtkommst. Wir können nun versuchen, eine gnadenlose Bestandsaufnahme zu machen, und uns dann gemeinsam bemühen, dass du da wieder halbwegs unbeschadet rauskommst.

Denn irgendetwas ist schiefgelaufen, oder du konntest dich mal wieder nicht beherrschen. Falls du mal gedient hast (also mal bei der Bundeswehr warst), dann müsstest du wissen, dass man sich nie freiwillig meldet. Wenn du nicht gedient hast, dann hast du die Schule des Lebens nun vor dir. Was genau geschehen ist, werden wir nun versuchen festzustellen. Hier sind die verschiedenen Fälle:

1. Du musst jetzt beweisen, dass du ein Projekt leiten kannst. Du hast also ein Karriereproblem. Da ist schon mal etwas Wesentliches falsch gelaufen. Denn Mann/Frau kann problemlos Karriere machen, ohne jemals etwas geleistet zu haben. Du anscheinend nicht.

   Schau doch deine Chefs an, die haben es auch so geschafft. Wobei man fairerweise sagen muss, dass ein guter Chef kein begnadeter Projektleiter sein muss. Nur gibt er es nicht zu und meint es auch in diesem Bereich wesentlich besser zu können als sein guter Projektleiter. Und das macht es dann mühsam.

2. Du warst so dumm, dich ins Spiel zu bringen, ohne über die Folgen nachzudenken. Der klassische Fall: Du konntest im entscheidenden Moment den Mund nicht halten. Man hat dich ein bisschen gelobt, schon schwoll dir der Kamm, und du hast den Finger gehoben. Bravo!
3. Man suchte einen Dummen, der die Arbeit macht, und hat ihn in dir gefunden. Der treue Vasall.
4. Man sucht einen Kümmerer (klassische Aussage: «Der kümmert sich um das Projekt»), den man dann elegant «verkümmern» lässt. Also einen, der den Kopf hinhält. Du scheinst für die anderen prädestiniert, dieser zu sein. Denk bloß nicht, dass das eine Auszeichnung ist.
5. Das Projekt ist am Scheitern, und der derzeitige Projektleiter ist erfahren genug, sich noch rechtzeitig zu verdrücken. Dabei muss er dringend ein anderes Projekt übernehmen oder hat sich mit diesem Projekt (das nach außen top erscheint) für höhere Aufgaben empfohlen, die es ihm ermöglichen, rechtzeitig auszusteigen und die Lorbeeren zu ernten. Und du hast nun das Problem geerbt.
6. Das Projekt ist so bedeutungslos, sodass man es jeden Dubel (Dubel kommt von doof) machen lassen kann. Das heißt, du bist auf dem absteigenden Ast, oder man glaubt, in dir einen gefunden zu haben, der da nichts mehr kaputt machen kann.

   Hauptsache, er kümmert sich mal darum, beerdigt die Leichen, und man hat das Problem versorgt bzw. wenn es dann gescheitert ist, einen Sündenbock. Und den einen, den man dann niederbügeln kann, hat man in dir gefunden.

   Bravo. Lies die Stellenanzeigen der Tageszeitungen intensiver!

Nun müssen wir noch die Rahmenbedingungen deines Projekts abklären:

1. **Fall:** Das Projekt ist ganz neu, dann hast du vielleicht nochmal Glück gehabt. Denn wenn ein neues Projekt gestartet wird, hast du noch eine Chance, etwas daraus zu machen und nicht nur unterzugehen.

2. **Fall**: Das Projekt ist schon am Laufen, dann wird es jetzt kritisch. Der, der das Projekt abgibt, weiß, dass es kritisch wird, und hat sich elegant verabschiedet. Das ist ein Profi.

   Wenn er dich nicht mag, hat er dich empfohlen, bevor es rauskommt. Meine Hochachtung, aber nicht für dich, sondern für deinen Kollegen. Er ist jetzt ja fein raus. Und du tief drin.
3. **Fall**: Das Projekt ist schon gescheitert und wird nochmals hochgekocht, so meist nach 1–2 Jahren, um noch zu retten, was zu retten ist, oder eine Alibiübung durchzuziehen. Beides ist für dich ein Problem.

   Wenn du keine echte Chance hast, alles über Bord zu werfen, das Projekt neu aufzusetzen, Geld dafür kriegst und vor allem Macht, es voranzutreiben, dann hast du ein wirkliches Problem. Dann kannst du nur kündigen, um deine Haut zu retten. Da hilft mal wieder nur: die Stellenanzeigen lesen.

   Ansonsten darfst du die nächsten Monate den Sündenbock machen und die Prügel für andere einstecken. Viel Spaß.

Nun kannst du ausrechnen, wie hoch deine Chancen sind. Je nach Ausgangslage und Fall musst du nun versuchen, deine Karriere nicht vorzeitig zu beenden. Um deinen Indikator für das Scheitern zu ermitteln, multipliziere die Ausgangssituation mit der Fallzahl und quadriere das Ganze. Dann hast die deinen Scheiterungsindex ermittelt. Alles was größer als 1 ist, ist ein Problem. (Fairerweise muss hier gesagt werden, es kommt immer eine Zahl größer 1 raus!)

Wir wollen aber nicht verzagen, sondern wir werden jetzt gemeinsam die notwendigen Dinge diskutieren, damit du da mit heiler Haut wieder rauskommst.

Dazu werden wir uns gemeinsam durch den Projektdschungel arbeiten, und wenn du ganz hinten im Buch angekommen bist, hältst du dich entweder für den Größten oder bist weiterhin der Prügelknabe. Auf jeden Fall solltest du wissen, wo du ein Problem hast. Das Motto lautet somit: **Du hast keine Chance, also nutze sie**.

Ich habe das weitere Vorgehen in verschiedene Kapitel gepackt, sodass du immer nachschlagen kannst, wenn ein Thema ansteht. Also auf zu neuen Taten!

Ganz wichtig:

Glaub an dich! Wenn du schon jetzt anfängst, an dir zu zweifeln, und alles nur ein Berg von Problemen ist, wer soll dann noch an dich glauben? Dein Chef tut es ohnehin nicht. Und deine Familie? Das musst du selbst rausfinden.

Wir schaffen das schon. Du wirst sehen, alle sind gegen dich und alle für dich, je nachdem, wie du vorgehst und wie du dich anstellst.

Das wichtigste Handwerkszeug

Zurück zum Papier

Das Einzige, was du wirklich und immer brauchst, ist Bleistift (darf auch Kugelschreiber sein) und Papier. Am besten schreibe alles in ein Buch, dann hast du immer alle wichtigen Erkenntnisse und viel Unwichtiges bei dir. Und vor allem: Nimm es immer zu den Sitzungen mit.

Ich habe vor Jahren damit begonnen, ein schön gebundenes, nicht zu dickes A4- oder A5-Buch zu verwenden. Das sieht ganz gut aus, und das haben sich viele schon abgeguckt, weil es sexy wirkt (hab ich übrigens damals auch abgeguckt).

Das Buch hab ich immer und in jeder Sitzung bei mir. Du kannst darin am Morgen aufschreiben, was zu tun ist, schnell eine Telefonnummer notieren und so weiter. In der Sitzung schreibst du alles Wichtige rein. Wenn es langweilig ist, kannst du auch darin malen.

Da es stabil ist, kannst du auch zu Hause auf dem Sofa darin schreiben und auch im Zug oder Flieger. Und weil es so gut aussieht, verleiht es dir schon mal einen kleinen Status. Dabei kannst du auch in der Sitzung mal herumgucken, wer überhaupt was aufschreibt. Die meisten tun das nicht; diesen bist du somit schon überlegen, da diese in 3 Wochen nicht mehr wissen, was gesprochen und vor allem beschlossen wurde.

Somit heißt dann deine Aussage: «Ich habe mir damals Folgendes notiert ...» Und damit bist du schon vorn dabei, weil du mehr weißt! Warum alles Mögliche mitschreiben? Auch das hat seinen banalen Grund.

Denk mal scharf nach? Genau! Deine Gegenüber haben im Zweifelsfall keine Hemmungen, in der Sitzung zu behaupten, dass sie das schon lange so oder so gesagt oder auch nicht gesagt haben (Näheres auf Seite 73 ff.). Für diese Sorte Kameraden ist ein schlaues Buch immer gut.

Was man aufgeschrieben hat, ist glaubhafter als das, was einer sagt. Und ein schlaues Buch ist wie die Bibel: unangreifbar. Wenn also einer meckert, dann kannst du ganz einfach kontern: Moment mal, da möchte ich was klarstellen: Ich zitiere: «...» Und dein Gegenüber hat keine Chance oder wird aus Verzweiflung pampig und greift dich an.

Denn die meisten schreiben sich entweder erst gar nichts auf und wenn, dann alles Mögliche, aber nicht das Wesentliche. Dazu noch viel mehr bei meinem Lieblingskapitel: das Sitzungswesen (S. 47 ff.).

Deine Gegner (oft ist es leider so) behaupten also irgendwas und gehen dann aus der Sitzung. In diesem Fall sagst du, dass du das noch suchen musst. Nächstes Mal hast du die Stelle gefunden und liest genüsslich vor. Aber aufpassen. Damit läufst du auf dünnem Eis, weil du anderen eine Lüge nachweist. Wenn sie dir böse wollen und über dir sind bzw. mehr Macht haben, bist du ziemlich erledigt, zumindest in der Abteilung oder bei deinen Kollegen, die mit dem anderen klüngeln.

In der Regel reicht es ja schon, etwas mitgeschrieben zu haben, um einen strategischen Vorteil zu haben. Allein die Tatsache, dass etwas in deinem Buch steht, ist höherwertiger als das, was einer nur sagt.

Außerdem kannst du mit dem Buch Eindruck schinden, denn niemand sieht, was du schreibst, aber du schreibst ständig. Alle denken, dass du alles mitprotokollierst, dabei ist dir eigentlich langweilig und du porträtierst dein Gegenüber, das gerade schläft.

Natürlich ist das nicht alles. Das Buch hilft dir aber immer wieder, auf Kurs zu kommen.

Nochmals! Ganz wichtig ist, dass viele Leute sich die wichtigen Sachen nicht mitschreiben. Du tust es aber und bist auf dem Laufenden bzw. kannst immer wieder nachgucken.

Das sind dann die gewissen Vorteile, die du ihnen gegenüber hast. Nach 2 Wochen und 15 Sitzungen weiß niemand mehr, was wo festgestellt und beschlossen wurde. Nur noch du! Und diesen Vorteil musst du nutzen. Insbesondere kannst du in dein schlaues Buch immer wieder schreiben, was zu tun ist!

Jeden Montag oder Freitag oder wenn du Zeit hast, machst du eine Liste, was du diese oder nächste Woche erledigen willst oder musst. Und du streichst das ab, was fertig ist. Den oder die anrufen, das schreiben, die Kosten rechnen, Spesen noch abrechnen usw. Das motiviert dann auch, wenn man dann bald schon die Hälfte fertig hat.

Du meinst, das kann man auch mit dem Computer? Kann man, hat aber den plumpen Nachteil, dass du den nicht schnell aufschlagen und was reinschreiben kannst, und auf der Baustelle oder im Flieger hat der Laptop bald keinen Saft mehr, und es dauert ... bis er gestartet ist. Und wenn du eine Idee hast, bist du nicht am Rechner.

Und ein Palm oder sonstiger PIM dauert immer, bis er geöffnet ist und bis du da bist, wo du hinwillst, und bis die einzelnen Buchstaben eingegriffelt sind und ... Und stell dir mal vor, einen Zwanzigzeiler mit dem Griffel zu schreiben. Echt ätzend. Dann ist die Sitzung gelaufen.

Ich hab auch einen, nutz ihn aber immer weniger. Aber bis die anderen ihre Maschinen trickreich gestartet haben, habe ich meine Papieragenda geöffnet und mache schon die Terminvorschläge, während diese noch am Booten sind.

Das ist dann jedes Mal meine Genugtuung, der Schnellere gewesen zu sein. Das ist fast schon ein kleiner Sadismus. Macht aber jedes Mal Spaß, zu sehen, wie dann Stress ausbricht. Außerdem schlage ich den ersten Termin vor, der mir passt und vielleicht nicht den anderen.

Damit bin ich schon im Vorteil. Die anderen müssen reagieren. In den Sitzungen schleppst du ohnehin schon vieles mit rum (Pläne, Unterlagen, Angebote, Ordner usw.) und im Auto ist ein Schlepptop auch nicht optimal. Da ist Papier einfach praktischer. Papier hat 4000 Jahre Entwicklungsgeschichte hinter sich, und du hast dich sicher noch nie gefragt, warum A4 genau die Größe 297 × 210 mm und die Farbe Weiß hat: Es ist genau ein sechzehntel Quadratmeter.

Das ist das Ergebnis langwieriger Größenvarianten über Jahrhunderte, bis sich herausgestellt hat, dass diese Größe ziemlich optimal ist. 30 mal 20 cm ist einfach ein gutes Format für das Auge und für die Hand. Basta. Und dass die Nobelagenda auf A5 oder sogar A6 zugeschnitten ist, hat ja auch seinen Sinn. Es ist einfach ein gutes Format.

Zugegeben, ich selbst schreibe auch viel mit dem Rechner. Eigentlich das meiste in der Sitzung aber fast immer auf Papier, auch Protokolle, wenn ich die Leitung habe. Gelegentlich schreibe ich diese, wenn nur ich Protokollant bin, direkt auf dem Rechner. Das ist aber selten, da ich meist die Sitzung leite.

Diese Protokolle (wenn auf Papier verfasst) habe ich dann auch immer in der Rohfassung in meinem schlauen Buch, also immer bei mir, und kann in der Sitzung nachsehen oder wenn man schnell zusammenkommt, um etwas zu besprechen, die Stelle suchen.

Das macht man nicht, wenn man einen Rechner mitschleppen muss. Und im Palm kann ich auch nicht alles mitnehmen, bzw. im Laptop muss man zuerst alles starten und so weiter.

Außerdem kann man auf Papier schön malen und zeichnen, also schnell Beziehungen herstellen, indem man einen Pfeil zieht. Mach das mal schnell auf dem Computer. Das ist einfach mühsam. Besonders wenn die Sitzung langweilig ist und man sich nicht verdrücken kann, kann man mit Papier so tun, als ob man bei der Sache ist.

Dabei bereitest du schon die nächste Sitzung vor oder machst deine Zu-tun-Liste (neudeutsch To-do-Liste) und hast dann schon etwas Zeit gewonnen. Gelegentlich mal ein Beitrag ohne wirklichen Wert oder ein schöner Einwand, und die Sitzung läuft wie geschmiert. Näheres dazu im Sitzungskapitel.

Organisiere dich zuerst selbst

Also nochmals: Halte dich an Bewährtes. Und wenn du dann Chef bist, brauchst du größere Stellungnahmen ohnehin nicht mehr selbst zu schreiben. Dann reicht dir dein Buch für Jahre.

Natürlich brauchst du noch ein Terminplanungsprogramm, Tabellenkalkulation für alle Berechnungen. Manche schreiben darin sogar die gesamte Korrespondenz, weil sie nie gelernt haben, wie man eine Textverarbeitung bedient. Dann noch eine Textverarbeitung für Protokolle und Briefe. Statik- und Graphikprogramme, und so weiter. Aber das Entscheidende ist, dass du dich selbst organisierst. Und das ist nun mal unabhängig vom Handwerkszeug.

Du wirst zum Superprojektleiter durch Organisation und Disziplin und nicht durch Schnicki-Schnacki-Programme. Wenn du nicht weißt, was und wohin du willst, hilft dir auch die beste Terminplanung nicht weiter. Also denk nach und organisiere dich. Dieses Handwerkszeug steht jedem zur Verfügung. Nachdenken ist nun mal unschlagbar und kostet nichts.

Was du meinst, immer zu brauchen, ist natürlich dein Händi. Bist du wirklich so wichtig, dass du jederzeit erreichbar sein musst? Ich behaupte, nein.

Von den Leuten abgesehen, die irgendeinen Hotlinejob für Kunden machen, sind die meisten Leute problemlos ein paar Stunden abkömmlich. Das sieht man immer dann, wenn sie mal richtig krank oder im Urlaub sind. Der Laden läuft wie geschmiert. Es fällt nicht mal auf, dass der oder die nicht da ist.

Natürlich ist ein Händi praktisch. Aber mal ehrlich: doch eigentlich nur, um selbst anzurufen. Angerufen zu werden ist eher ätzend, vor allem in einer Sitzung. Und für mich auch unverschämt. Warum muss jemand während einer Sitzung rausrennen, um dringend ein Telefonat entgegenzunehmen?

In 99% aller Fälle hätte es auch noch in ein paar Stunden gereicht. Für mich hat das viel mit Minderwertigkeitskomplexen zu tun. Weil man so wichtig ist, ist ein sofortiges Telefonat wichtiger als deine Sitzung. Damit ist dein Stellenwert auch schon beschrieben. Noch ein müdes Entschuldigungslächeln, und raus ist dein Gegenüber. Die Sitzung ist gestört, irgendwie sind alle unterbrochen. Und der andere hat klargemacht, dass deine Sitzung für ihn ohne Bedeutung ist.

Wie pervers die Menschen bei so etwas sind, dazu eine kleine Anekdote:

Ich war in der Tochterfirma eines Konzerns angestellt. Dort war eine Kantine für alle Angestellten, auch der Töchter. Damals war noch das C-Netz üblich. Benutzer mit Mobilanlage also echte Exoten. Da war dann immer einer, der hatte einen richtigen Koffer (wegen der großen Batterie) mit Telefonhörer drauf auf das Tablett gepackt, damit jeder sah, dass er so wichtig war. Dabei sah er immer in die Runde, ob auch jeder seine Bedeutung erkannt hatte.

Was haben wir über den gelacht. Wir haben dann auch später herausgefunden, dass er das Telefon irgendwie mal bekommen hatte und man einfach vergessen hatte, es ihm wieder abzunehmen. Sein Job hatte überhaupt nichts mit ständiger Verfügbarkeit zu tun.

Dieser Typ fällt für mich in die Kategorie Händi-Attrappe, die es mal fürs Auto gab. Die hatten teilweise sogar noch geläutet. Dann konnte man lässig den Gesprächspartner ignorieren und sich in der Bewunderung des Beifahrers oder noch besser der Beifahrerin sonnen.

Auch der Anrufservice, den es mal gab, um wichtig zu erscheinen, fällt in die Kategorie. Auch auf dem Flughafen fällt mir immer wieder auf, dass Leute sehr laut telefonieren und dabei in die Runde blicken. Dabei wollen sie gehört werden, wie sie gerade einen Millionendeal mal eben so zwischen Check-in und Passkontrolle abwickeln. Immer wieder zum Grölen.

Wirklich wichtige Telefonate werden in den Ecken geführt. Manche kriegen auch wirklich nicht mit, dass sie schreien und den gesamten Terminal unterhalten. Und dann noch über den Kunden herziehen. Nur weil sie wichtig sein wollen.

Du siehst. Vieles im Projekt ist nur Show. Sieh dir deine Gegenüber genau an und bilde dir deine Meinung anhand ihres Verhaltens. Insbesondere lernst du sie kennen, wenn es Konflikte gibt.

Dann hilft ein Händi halt doch nicht weiter. Aber dein schlaues Buch!

Mach dich schlau

Nachdem man dir sicher alle Unterstützung von der Geschäftsleitung bis zur Putzfrau versprochen hat, um dich weich zu klopfen und zu motivieren, wird man sich später nur noch sehr vage oder lieber gleich gar nicht mehr daran erinnern. Dass man dir dieses Versprechen gegeben hat, will später keiner mehr wissen. Wie war das noch: «Frau/Herr X, Sie haben alle Unterstützung, die Sie benötigen.» Oder so. Deshalb musst du sofort damit beginnen, dich schlau zu machen. Was ist eigentlich los, was soll das, wer sind die einflussreichen Leute usw.

Also suche die Rahmenbedingungen zusammen. Die berühmten W-Fragen:

- Warum? (Das ist ganz wichtig!!!)
- Wer?
- Was?
- Wo?
- Wann?
- Wie?
- Weshalb?
- Wozu?
- Bis wann?
- Welche Rahmenbedingungen?
- Etc. ...

Mach dir eine Liste und schreib auf, was du so in Erfahrung bringen kannst. Wenn es ein Pflichtenheft gibt, nicht schlecht – wenn nicht, umso besser. Dann schreibst du es selbst.

Vergiss deine Angst, dass du zuerst fragen musst, ob du ein Pflichtenheft schreiben darfst. Natürlich darfst du. Das ist Teil deiner Motivation, es richtig zu machen, und außerdem lernt man das in den Projektmanagementausbildungen, dass ein Pflichtenheft ein absolutes Muss! ist. Meist jedoch macht man es nur, wenn man etwas extern vergibt. Intern, und vor allem von deinen Chefs, wirst du selten eines erhalten. Und wenn, dann in Kurzform, wo nur das drinsteht, was deinen Auftraggebern hilft. Oder sogar nur ein paar Stichworte ohne wirklichen Wert bzw. ein paar magere Sätze.

Also schreibst du das Pflichtenheft selbst, und wenn es später darum geht, ob du gut warst und deine Gehaltsziele erreicht hast, kannst du das Pflichtenheft rausziehen. Dann wirst du locker vorrechnen, dass das Projekt genau nach Pflichtenheft abgeliefert wurde.

Dass du es selbst geschrieben hast, ist ja kein Nachteil. Außerdem weiß das nach ein paar Wochen schon niemand mehr, weil es ja auch keiner gelesen hat. Du hast ja nur das zu Papier gebracht, was der oder die zu dir gesagt haben. Also was Sache ist, sonst nichts. Wenn deine Vorgaben falsch waren, kannst du ja nichts dafür! Oder?

Gewöhn dir überhaupt an, einfach Dinge zu tun! Viele wollen vieles nicht tun und sind froh, dass du es machst. Beispiel: Keiner will Protokolle schreiben. Also schreib sie selbst. Frei nach dem Motto: Trau keinem Protokoll, das du nicht selbst gefälscht hast. Natürlich sollst du nicht fälschen, aber die Formulierung macht's.

Beispiel gefällig? Bitte!

Dein Kollege würde schreiben:

Kurztext:	Abnahmen
Langtext:	Die Abnahmeprozeduren sind sehr schleppend und sollten geändert werden.
Art:	Information
Termin:	Fehlanzeige
Zuständig:	Fehlanzeige

Du schreibst:

Kurztext:	Abnahmen
Langtext:	Die schleppenden Abnahmen durch die technische Abteilung gefährden das Projekt. Die technische Abteilung wird das Verfahren so anpassen, dass alle Abnahmen in Zukunft innerhalb von 14 Tagen erfolgen, um das Projektziel zu erreichen

Art:	Beschluss/Auftrag
Termin:	laufend. Jeweils 14 Tage nach Lieferung durch Prototypenbau
Zuständig:	Technische Abteilung

Merkst du den Unterschied. In zwei Wochen hat sich natürlich nichts geändert. Die Abnahmen sind immer noch schleppend. Du aber verweist auf das Protokoll, das selbstverständlich von allen akzeptiert wurde, und forderst die Leistung ein. Nun hast du auch schon Sündenböcke. Du hast es ja eingefordert, aber ... Somit hast du die ersten Gegner in der Firma. Bravo – du machst dich!

Natürlich macht der Ton die Musik, aber wenn du was erreichen willst, musst du Druck aufbauen. Und Protokolle sind dazu prima, da neutral und unangreifbar. Dass du der Druckmacher bist, ist aus dem Protokoll ja nicht so ohne weiteres zu ersehen. Du warst halt der Protokollant. Die anderen waren ja in der Sitzung auch dabei und haben diesen Beschluss mitgetragen.

Und da sind wir wieder bei meinem Lieblingsthema: Sitzungswesen. Ich weiß, ich wiederhole mich, aber du wirst sehen: Leistung ist das eine, eine Sitzung und Fakten für sich zu nutzen das Wichtigste.

Zurück in die Steinzeit: Hol den Sammler und Jäger wieder hervor

Aber zurück zum Schlaumachen. Info, Info, Info heißt zunächst das Motto. Lass dich aber ja nicht einlullen von trägen Worten und schleppender Lieferung. Halte dich an Papier (das hatten wir ja schon). Lass dir die Protokolle geben, wenn es denn welche gibt.

Bei vielen Projekten, besonders wenn deine Chefs die Projektleiter sind, werden keine Protokolle geschrieben, sondern nur Jobs verteilt. Bei dir nicht. Organisiere dir die Zeichnungen, die Berechnungen, die Entwürfe, den Briefwechsel. Erinnere dich an deine Schüler- und Studentenzeit: Sammler und Jäger.

Die Kollegen erzählen dir nur, was Ihnen wichtig ist und was sie dir sagen wollen, um sich ins beste Licht zu rücken und die Leichen zu verscharren, die sie produziert haben. Der Rest wird verschwiegen. Meist absichtlich, gelegentlich unabsichtlich. Du brauchst also Fakten. Und die sind auf Papier und allenfalls in irgendwelchen Projektverzeichnissen auf irgendeinem Server. Wühl da mal herum und lass dir vor allem die Rechte geben, die du benötigst.

Projektmanagement braucht Transparenz, das wird überall gelehrt. Also sollen die Kollegen dich mal reingucken lassen. Du wirst rasch merken, das will man/frau nicht, und man wird alle Arten von Ausreden finden, um dir den direkten Einblick in die Abteilungsordner zu verweigern. Vor allem, wenn es eine andere Abteilung ist. Dann sofort Vorsicht, da ganz sicher dort Infos sind, die in der Abteilung bleiben sollen, und du sollst diese nicht zu sehen bekommen. Näheres dazu wiederum in der Rubrik Politik.

Die andere Abteilung wird natürlich vorbringen, dass du zu blöd bist, um nur die Daten zu betrachten, und diese dann zerstörst. Kein Problem – lass dir nur Leserechte durch die EDV geben. Dann kann man dir auch nicht vorwerfen, du hättest die Datei geändert. Wer nicht schreiben kann, kann auch nichts ändern. Aber lesen solltest du ja können, um dich schlau zu machen. Wer will da wirklich dagegen sein. Du willst ja noch was lernen!

Und nun, was soll das Ganze?

Wenn du alle Infos hast, die du zu brauchen glaubst, fehlt dir nur noch die wichtigste Information: Was soll das Projekt eigentlich? Jedes Projekt hat ein offenes, bekanntes Ziel und ein, vor allem nicht ausgesprochenes, verdecktes Ziel. Manche haben gar keins, außer deinem Chef die Karriere zu ermöglichen. Und das geheime Ziel, das musst du finden. Dann weißt du nämlich, warum und weshalb es dieses Projekt gibt und warum man es dir aufs Auge gedrückt hat.

Die Antwort zu finden ist sehr mühsam. Die Antwort erhält man deshalb meist erst sehr spät oder am Ende, wenn es eh schon zu spät ist. Manchmal auch gar nicht. Und vor allem man erfährt es auf der Latrine und am Biertisch. Raucher sind da im Vorteil. Nicht in der Sitzung oder im Gespräch mit dem Auftraggeber.

Auch die Kollegin Sekretärin weiß meist mehr als du. Ein kleiner Flirt (wenn du männlich bist) kann deine Karriere retten. Überhaupt, stell dich einfach gut mit Leuten, die dir zuarbeiten: Sekretärin, Meister, Maschinenführer, Hausmeister usw. Diese Leute werden wenig geschätzt und von vielen Akademikern einfach ignoriert. Sie leiden häufig darunter, dass ihre Arbeit nicht gewürdigt wird.

Wenn du aber mal was brauchst, können dir diese Kolleginnen und Kollegen viel helfen. Außerdem ist es einfach eine Frage des Stils, den du pflegst. Wir da oben, ihr da unten? Wenn der Hausmeister einen Kunden anpöbelt, hat die Firma ein Problem. Ein freundlicher Hausmeister, der einem Kunden geholfen hat, hat vielleicht mehr für die Firma erreicht als alle Verkäufer nach ihm.

Es ist eine simple Feststellung, dass alle am Erfolg der Firma beteiligt und die Chefs häufig die Entbehrlichsten sind. Jeder leistet seinen Beitrag dazu. Auch die «einfachen» Arbeiter. Also pflege deinen Umgang mit diesen Leuten entsprechend. Und irgendwann braucht jeder mal Hilfe.

Arroganz kommt vor dem Fall. Das wirst du dann merken, wenn arrogante Leute ins Straucheln kommen. Dann sind sie meist sehr allein. Deshalb merk dir. Glaube macht selig, und Wissen macht stark. Und das Wissen steckt in den Köpfen aller Firmenmitglieder und nur eingeschränkt in den Dateien und Ordnern. Und die Sekretärin weiß vielleicht mehr, als du ahnst.

Jetzt aufgepasst

Apropos Ziele. Eigentlich sollte jedes Projekt eine Zieldefinition haben. Zieldefinitionen schreiben vor, was zu erreichen ist. Wenn diese richtig sind, sind die Ziele «operationalisierbar» (prima Wort oder). Was ist das? Ein Ziel, das sagt, alles soll besser werden oder schneller oder die Qualität erhöhen, ist immer gut. Wenn du solche Ziele kriegst, halt den Mund und stöhne laut ob der nicht erreichbaren Höhe des Ziels.

Wenn das Projekt nämlich schiefgeht, kannst du locker formulieren, dass das Ziel erreicht wurde, da es jetzt ja besser ist, die Maschine schneller läuft oder wir jetzt eine viel höhere Qualität haben. Wer will das Gegenteil beweisen? Solange du nur 0,01 % besser bist, ist das Ziel erreicht.

Schwieriger wird es, wenn die Zielvorgabe ist, dass der Motor nun statt mit 3500 Umdrehungen mit 4000 laufen muss. Wenn er neu nur 3600 macht, hast du ein Problem, und deine Zielvereinbarung ist futsch.

Merkst du den Unterschied? Wenn du selbst formulierst, und als Anfänger kannst du dich da rausreden, schreib so schwammig wie möglich bzw. schreib das rein, was du sowieso erreichen kannst. Dann aber ausführlich. Wenn konkrete Zahlen gefordert werden, versuche diese so zu verkleinern/vergrößern, dass es dir hilft und nicht zu anspruchsvoll ist. Kurzum: Hilf dir selbst!

Wenn du ein Pflichtenheft kriegst, das so schwammig formuliert ist wie oben erwähnt, gut für dich. Wenn es aber ein Profi geschrieben hat, der weiß, um was es geht, hast du ein Problem. Dann stehen nämlich nachprüfbare Ziele drin. Und somit wird dir vielleicht auch klar, warum der bisherige Projektleiter das Projekt abgegeben hat. Er wird nämlich wissen, dass das Projekt am Scheitern ist.

Den Rest kannst du ja oben nochmals nachlesen. Wenn es ein neues Projekt ist und sehr ehrgeizige Ziele drinstehen, klar formulierte, also operationalisierbare Ziele (sehr gut), dann überlege dir, warum gerade ich. Es gibt so gute Kollegen ...

Wehr dich schon von Anfang an, vorsichtshalber

Da gibt es noch zwei Haken. Wenn du jetzt eine prima Zieldefinition bekommen hast, dann sind da noch vielleicht zwei kleine Probleme.

Erstens werden gerne sich ausschließende Ziele formuliert: Zum Beispiel, wir wollen, dass das Blech steifer wird, andererseits soll es die Schwingungen besser abfedern. Oder wir sollen schneller am

Markt sein (schneller heißt mehr Energie, und mehr Energie heißt mehr Geld), und gleichzeitig soll das Projekt 20 % weniger kosten als das letzte. Solche Widersprüche findet man häufig, da ganz viele deiner Kollegen prima Ideen haben, wenn sie die Arbeit nicht selbst machen müssen.

Außerdem vagabundiert so ein Pflichtenheft durch die Firma, und jeder, der sich berufen fühlt, packt noch was hinein. Dass sich dann Punkte widersprechen, ist ganz logisch. Das Problem ist nun aber, dass du das ausbaden musst und dann dafür Prügel erhältst, dass das Ziel nicht erreicht wurde. Das ist dann vielleicht auch der Grund, warum Kollege X auf dieses so prestigeträchtige Projekt verzichtet hat.

Also schau dir an, was drinsteht. Und meckere sofort, solange du noch frisch bist. Jetzt kannst du noch auf Verständnis rechnen, später nicht mehr. Das war das eine Problem.

Das andere Problem für dich ist, dass viele Zieldefinitionen bzw. Pflichtenhefte mehr als zwei große Risiken beinhalten. Was heißt das? Toll Collect (du erinnerst dich?) ist so ein schönes Beispiel:

1. In Deutschland hatte keiner eine Ahnung, wie man ein Mautsystem aufzieht. Das ganze kaufmännische Drumherum war unbekannt und ein großes Risiko. Italien und Frankreich kennen die kaufmännischen Tücken mit Mautstellenabrechnungen, Fahrerkontrolle, Fehlerquellen, Betrügern, falsche Nummerntafeln usw. ... Deutschland kannte sie nicht.

   Darum waren zunächst auch angeblich nur 10 % der Mautbrücken aktiv, da die Betreiber schon froh waren, den Normalfall zu beherrschen. Geschweige denn die Problemfälle wie Mautpreller, ausgefallene Systeme, Schnee, Kälte, Regen, Sturm und so weiter.
2. Die Technik war völlig unbekannt, völlig neu und sehr aufwendig. Das technische Risiko war also auch sehr hoch. Und nun sollen beide miteinander kommunizieren, die technisch nicht ausgereifte Obu mit der kaufmännisch nicht ausgereiften Buha prima zusammenspielen und dann noch unter höchstem Zeitdruck.

   Da kann jeder erfahrene Projektleiter sagen: Das wird nichts. Deshalb waren die Strafen auch minimal formuliert, weil die

> Profis wussten, dass das Misslingen möglich war, und deshalb wurde das Projekt auch entsprechend vereinbart – oder täusche ich mich?

So, nachdem du nun festgestellt hast, dass du keine Chance hast, kannst du dein Projekt endlich entspannt angehen. Deshalb zum nächsten wichtigen Punkt:

Sich richtig aufstellen

Jedes Projekt in der Firma hat höchste Priorität. Zwar wechseln diese ständig, aber niemand wird dir sagen, dass dein Projekt nun nicht mehr so wichtig ist. Es gibt Untersuchungen, die zeigen, dass an 45 % aller Projekte aktuell nicht gearbeitet wird. Andererseits haben 70 % aller Projekte 1. Priorität. Somit gibt es 15 % 1.-Prio-Projekte, an denen aktuell nicht gearbeitet wird. Und darunter fällt wahrscheinlich deines!

Weil es nämlich nicht wirklich wichtig ist, hat man es dir aufs Auge gedrückt. Du warst entweder blöd genug, es nicht zu merken, oder konntest dich nicht dagegen wehren. Oder man sucht halt einen Kümmerer, der die Leiche noch künstlich beatmet, und meint ihn in dir gefunden zu haben. Solange muss man schon nicht zugeben, dass das Projekt gescheitert ist und eigentlich beerdigt werden müsste.

Ich kenne Projekte, die sind 6–7 Jahre gelaufen und nie zu einem Ergebnis gekommen. Die waren mal ein Jahr lang vor sich hin gedümpelt, und dann wurden sie wieder mit einem neuen Projektleiter (also so einem wie dir) neu bestückt, um dann wieder nach unzähligen Sitzungen und vielen Zielerweiterungen wiederum zu verschwinden, um später wieder hochgekocht zu werden, um wieder ...

Wilhelm Busch war auch Projektleiter

Apropos Zielerweiterung: Das ist auch ein beliebtes Spiel. Ein Projekt startet mit kleinem Pflichtenheft und noch kleinerem Budget. Manchmal gibt es auch gar kein Budget. Dann kommt die erste Sitzung. Die Geschäftsleitung oder der Abteilungsleiter sind auch dabei. Um die Wichtigkeit des Projekts zu unterstreichen. Bei diesem Kick-off-Meeting (halte dich an diese Formulierung, denn das klingt einfach nach Erfahrung) wird dann noch alles Mögliche angesprochen.

Wer sagt übrigens noch Eröffnungskonferenz oder Erste Sitzung des Projekts oder ... Das klingt hausbacken und altmodisch. Du machst ein **Kick-off-Meeting** mit den **Pressure Points** und den **Tops** (oder Flops) zum **Decision Finding** in der **Enterprise** für die **Key-People**, **Steering Commitees** und **Participants**! Das klingt schon viel besser und kompetenter. Schließlich sind wir innovativ und erfolglos. Näheres dazu wieder mal bei meinem Lieblingsthema: Sitzung.

Bei dieser ersten Sitzung wird dann locker festgestellt, dass das und das noch unbedingt mit in das Projekt muss. Das Geld und die Termine bleiben selbstverständlich dieselben. Außerdem könnte im Projekt auch noch das kleine Problem der Abteilung X mit berücksichtigt werden, das schaffen Sie doch, Frau Y/Herr Z. Oder? Und dann sollst du den Mut haben, hier zu sagen: Nein!? Du hast einfach schlechte Karten, weil du in diesem Moment dem Chef sagen sollst, dass er Blödsinn redet oder dem Projekt den doppelten Etat geben muss und doppelt so viel Zeit? Er wird dich nachdenklich angucken, und du wirst in seinen trüben Augen feststellen, dass er das Vertrauen in dich verloren hat. So ein kleines Problem und ein so großer Stänkerer. Das passt nicht zusammen. Da müssen wir uns das nächste Mal doch einen motivierteren Mitarbeiter als Projektleiter ausgucken. Vielleicht lösen wir ihn auch sofort ab?

Wenn du es aber schaffst, dass man dir das Projekt wegnimmt und du wieder in der Linie dienen kannst, ohne rauszufliegen, dann hast du es geschafft.

Projekt weg, um 16 Uhr Feierabend und Karriere ohne Projektstress. «Ist der Ruf erst ruiniert, lebt sich's gänzlich ungeniert», hat schon Wilhelm Busch das wichtigste Ziel deiner Karriere formuliert. Und nochmals: Man muss selbst nichts leisten, um Karriere zu machen. Du musst dich nur an die Erfolge anderer anhängen. Das reicht.

Das zum Thema Ziele.

Nochmals zum Mitschreiben. **Wenn schon Projekt, dann mit Zieldefinition, messbaren (also operationalisierbaren) und mach-**

baren Zielen und Terminen, die auch erreichbar sind und sich nicht ausschließen. Und mit der notwendigen Finanzierung! Und Letzteres ist am schwersten zu bekommen.

Wie man an Geld kommt

Geld ist das Schmiermittel der Welt und somit auch aller Projekte. Wenn du kein Geld hast, mag dich niemand. «Mit den Taschen voller Geld kommt man um die ganze Welt», weiß schon der Volksmund. Ohne Geld bist du der Bettler der Fußgängerzone, der ständig seine Kollegen angeht, ihm doch einen Fuffi zu geben. Trübe Aussichten!

«Sie erhalten das Geld, wenn Sie es benötigen», heißt für dich, dass du jedes Mal deinen Geldgeber erwischen musst, wenn du Kohle ausgeben willst. Wegen jeder Kleinigkeit musst du dich fragen lassen, warum du wieder so viel Geld ausgeben willst für so ein minderwertiges Projekt. «Und wozu wollen Sie das», und: «Das muss reichen, mehr darf es nicht kosten.» Ich kann dir sagen, das nervt.

Also musst du deine Chefs dazu kriegen, dir einen Geldtopf zu geben, der nicht zu klein ist. Und wie schafft man das? Die Frage ist berechtigt und zulässig, kann jedoch nicht beantwortet werden. Nächste Frage ...

Aber im Ernst: Darauf eine allgemeingültige Antwort zu geben ist hier natürlich nicht möglich. Es gibt nur verschiedene Strategien. Die, mit denen ich Erfolg hatte, will ich hier vorstellen. Natürlich gibt es noch viele mehr, und welche wirklich in deinem Fall helfen, musst du selbst entscheiden. Wer Geld hat, will es selbst ausgeben und nicht dir überlassen. Denk einfach mal nach, wie das bei euch läuft, bei Kollegen, die immer alles kriegen. Schau mal genau nach, was die in diesem Fall machen.

Grundsätzlich gibt es verschiedene Ansätze.

1. Du überzeugst deinen Chef davon, dass du Geld brauchst, um das Projekt zu führen. Du lässt dir also ein Budget geben. Das geht am besten gleich am Anfang. Dann hast du ja gerade voll motiviert dein Pflichtenheft auf Vordermann gebracht und locker errechnet, dass du ca. 140 % der wirklich benötigten Summe brauchst. Keine

Sorge, das wird man dir ohnehin nicht geben. Man wird dir haarklein vorrechnen, wie schlecht du gerechnet hast.

Du bist ja der Anfänger. Also lass ihnen die Freude, dir zu zeigen, wie es wirklich gemacht wird. Wirklich gemacht heißt hier, wie man mit weniger auskommt und ein Budget kürzt. Nie wird rauskommen, dass du mehr bekommst! Ich habe es jedenfalls noch nie erlebt!

Die Chefs wollen streichen und du zulegen. Also habt ihr immer einen Konflikt. Dein Chef hat nämlich in seiner Zielvereinbarung für den Bonus, dass alle Projekte 10 % billiger als letztes Jahr durchzuziehen sind oder so ähnlich. Das sagt er dir aber nicht. Er wird deshalb nicht zögern, noch mehr Kohle aus deinem Projekt abzuziehen. Ihn kümmert nur **seine** Zielvereinbarung, nicht **deine**!

Das ist Fakt. Zielvereinbarungen sind knallharter Kapitalismus und eine gute Idee ins Gegenteil verkehrt. Das musst du wissen. Er wird dir also, ohne mit der Wimper zu zucken, das Geld kürzen, sodass es zu seinen Vorstellungen und Zielvorgaben passt. Ob das Projekt dann ein Problem hat, ist ihm egal. Das steht ja nicht in seiner Zielvereinbarung. Aber in deiner.

Und wenn dein Projekt scheitert, kriegst du keinen Bonus, nicht er. Also passiert, was immer passiert, es wird gestrichen. Wenn man dir vorrechnen kann, dass du falsch bzw. höher gerechnet hast, dann hast du ein Riesenproblem. Denn dann wird man jeder Zahl von dir misstrauen und einfach mal kürzen, bevor man nachdenkt. Also muss dein Budget möglichst wasserdicht und plausibel sein. Dazu hast du verschiedene Möglichkeiten.

Alles was du rechnest, nimm vom Feinsten, aber nicht vom Allerfeinsten! Du sollst ja die beste Qualität im Projekt abliefern, also müssen auch die Zutaten sehr gut oder noch besser sein. Eine Schokolade aus minderwertigen Zutaten kann nicht so gut schmecken wie eine mit den edelsten Ingredienzien.

Wenn es vier unterschiedliche Teile gibt, dann nimm nicht das Teuerste ins Budget (außer es hat einen so gravierenden Vorteil, dass man nicht Nein sagen kann), sondern das Zweitteuerste. Wenn man dir dann vorwirft, dass du zu viel Geld ausgibst, hast du ja das Argument, dass du nicht das Teuerste genommen hast. Dass du das

Schlechteste wählen solltest, das kann doch niemand wollen. Und wenn es sich später herausstellt, dass es auch das Einfachere tut, dann hast du plötzlich Geld, mit dem du nicht gerechnet hast.

Das eingesparte Geld wirst du aber an anderer Stelle brauchen, wo du keins hast bzw. dich verrechnet hast oder wo es einfach finanziell eng wird.

Einsparungen gehören dem Projektsäckel

Merke dir: Jeder gute Projektleiter hat eine schwarze Kasse, in die er virtuell alle Einsparungen einzahlt, um sie dann bei Bedarf auszugeben.

Die klassische Arbeitsweise ist dabei die Zuordnung der richtigen Projektpositionen zu den treffend formulierten Rechnungstexten der externen Projektbeteiligten und Lieferanten. So bleibst du flexibel und Herr über dein Budget.

Überhaupt musst du da keine Skrupel haben. Du willst ja das Projekt zum Erfolg führen, weiter nichts. In den Chef-Etagen wird Geld kaputt gemacht, nur um die Karriere zu fördern.

Ich kenne Millionenprojekte, deren Nutzen für die Firma überhaupt nicht vorhanden war und den mir auch niemand erklären konnte. Nur der zuständige Abteilungsleiter wurde dann anschließend um eine Stufe höher geschoben. Weil es halt nach außen so toll aussah und so erfolgreich und wichtig war.

Die Externen halten eh den Mund, und die Internen, die es gemerkt haben, haben sich für die freigewordene Stelle profiliert und schon an ihrer Karriere gearbeitet. Also lass dir hier kein schlechtes Gewissen einreden, weil du schon wieder Geld benötigst. Wenn das Projekt wirklich wichtig ist, kostet es Geld. Das ist einfach so. Top Leistung gibt es nicht zum Nulltarif.

Deine Arbeitszeit ist übrigens auch Geld. Du kennst sicher den Satz: «Der ist ja eh da.» Also macht es der Ehda. Das ist völliger Blödsinn, in den Köpfen aber sehr weit verbreitet. Da dich deine Kollegen nichts kosten, beschäftige sie, da sie ja Ehdas sind, also dein Projekt ja nichts kosten. Wenn die Stundenabrechnung dann bei dir aufläuft, wenn überhaupt, ist es halt so. Basta. Hauptsache, dein Projekt läuft und die Ehda-Kollegen sind beschäftigt.

Es kommt hinzu, dass, je größer die Firma, umso bürokratischer treten die Chefs auf, da sie zu Recht befürchten, dass du ihr Chef werden könntest, weil du vielleicht besser bist. Damit Sie dich arbeiten lassen, lasse den Chefs das Vergnügen, recht zu behalten und dir das Geld zu kürzen, das du vorher reingerechnet hast. Natürlich hast du auch einen Posten **Unvorhergesehenes**, der macht sich gut und wird seltsamerweise selten gestrichen, höchstens gekürzt. Deshalb darf er auch nicht zu hoch sein. Da wird an den dümmsten Stellen gestrichen, ohne die Fakten zu kennen, aber dieser Posten bleibt drin, weil er auch irgendwie logisch ist. Irgendwas fehlt ja immer.

Nun dürfen deine Chefs kürzen, und du hast genügend Geld, um zu arbeiten. Jeder macht das, was er kann. Dieses Thema ist natürlich sehr heikel und kann hier nicht erschöpfend dargestellt werden. Aber ich glaube, mit diesen Grundzügen kannst du gut leben. Vor allem musst du die Kosten immer gut begründen können. Das ist Teil deiner Motivation. Wer will dich denn demotivieren! Außerdem kannst du immer davon ausgehen, dass die Chefs keine Zeit haben, um nachzurechnen. Wie sollen sie auch. Dazu müssten sie sich einarbeiten. Und das ist Arbeit.

Das Wichtigste für dich ist, dass du glaubhaft bist. Wenn man schon bei der ersten Zahl weiß, dass das Ganze nicht stimmt, können die anderen noch so richtig sein. Du bist auf jeden Fall nicht in der Lage, richtig zu rechnen, und musst dann jahrelang nachweisen, dass das ein Zufall war, bis man dir wieder glaubt. Wenn du aber locker die Berechnung begründen kannst und dann fragst, ob sie einen alternativen Vorschlag haben, liegt der Ball bei deinen Chefs. Meistens haben sie nicht. Aber wenn doch, dann ist er vielleicht sogar noch gut. Und er hat seine Dominanz gezeigt und du hast das benötigte Geld. Also sind alle zufrieden.

Wenn du kein Projektbudget hast, dann gilt:

1. Du organisierst Geld aus deiner Abteilung. Woher nehmen, wenn nicht stehlen? Auch da gibt es Möglichkeiten. Jede Abteilung oder der Bereich hat eigene Budgets. Also kann man das Geld

auch für das Projekt ausgeben, wenn man es schlau genug anstellt und das Projekt als wichtig für die Abteilung, also für deinen Chef positionieren kann. Wenn du deinen Chef überzeugst, dass das Projekt der Abteilung und damit seiner Karriere hilft, wird auch Geld fließen. Vielleicht nicht so viel, wie du benötigst, aber immerhin ist etwas besser als gar nichts. Dabei ist wichtig, wie vorhin schon angesprochen, dass du dir Geld pauschal geben lässt und nicht fallweise.

Wenn du aus der Abteilung kein Geld kriegst, dann sieht es mau aus. Wie willst du die Kosten bestreiten? Diese Frage sollte man deshalb schon in der Diskussion stellen, wenn es darum geht, dass man dir das ohnehin schwierige und ungeliebte Projekt aufs Auge drücken will. Schon da solltest du dir die direkte Frage nach dem Projektbudget nicht verkneifen. Und in deiner Naivität fragst du einfach: «Hat das Projekt ein entsprechendes Projektbudget?» Dann wird dein Chef herumdrucksen oder lapidar antworten: «Das werden wir noch regeln.» Dann müssen bei dir alle Warnlampen angehen. No Geld, no Fun, no Projekt. Nachher wird's unendlich viel schwerer, Geld zu erhalten, als in dem Moment, wenn man dich motivieren will.

Nun zurück zur Linie. Die Linienmanager wollen glänzen. Du auch. Also seid ihr ja blutsverwandt, aber halt nicht so richtig. Er will den Projekterfolg und du auch. Er will das Geld nicht rausrücken, aber du es ausgeben. Deshalb lass dich vom Chef nicht irre machen. Frag ihn dann halt jedes Mal, wenn du Geld benötigst.

Dazu ist es aber wichtig, dass du vorbereitet bist. Was heißt das? Du gehst zu ihm und sagst, du benötigst so und so viel Geld. Er wird nein sagen, da wir ja kein Geld haben. Wenn du ihm aber gleich zwei Alternativen auftischst: eine, die du willst und die Geld kostet, und eine andere, die er sicher auch nicht will, müsste er rasch eine dritte finden. Das wird er so leicht nicht können, da er ja nicht im Thema drinsteckt. Und das steigert die Wahrscheinlichkeit, dass er dir doch Geld gibt für diese (für ihn bessere) Variante.

Wenn nicht, dann lass dir bestätigen, dass du mit Plan B fortfahren sollst, was total daneben ist, aber eben halt doch ... Dieses Vorgehen wirkt erstaunlicherweise in vielen Fällen recht gut.

In der Firma gilt eben wie überall das Gesetz des Dschungels.

Aus dem Dunkel erscheinen, kämpfen (also Geld abgreifen) und im fahlen Licht des Dschungels wieder verschwinden (es für das Projekt ausgeben, ohne aufzufallen).

Ganz ohne Leiden geht es nicht

2. Wenn alle Stricke reißen, man also kein Geld rausrücken will, gibt es noch andere Möglichkeiten, z.B. den Kunden. Intern oder extern ist dabei jedoch nicht unerheblich. Externe Kunden wird man immer besser bedienen als interne.

Also mach deinen Kunden zum Verbündeten, indem du ihn informierst. Manchmal kann man ihn direkt bitten, für das Projekt ein gutes Wort einzulegen. Natürlich nicht plump: «Der hat mir gesagt, dass ihr kein Geld ausgeben wollt.» Das fällt auf dich zurück. Der Kunde hat ja ein höchstes Interesse an seinem Projekt und kann sich ganz formal erkundigen, warum das Projekt so langsame Fortschritte macht oder technisch nicht optimal ausgestattet ist.

Das wirkt Wunder, insbesondere, wenn du dann im Projekt den Vorschlag machst, dass du mit dieser Maßnahme und mit der Summe X das Projekt viel besser und schneller voranbringst. Wenn dann ein Chef nickt, dann hast du ja das Geld. Also denk nach, wie man die Abteilung vor sich hertreiben kann. Wenn du mit dem Kunden nicht so intim bist, dann hilft manchmal auch ein technischer oder organisatorischer Vorschlag, um diese Diskussion zu deiner Zufriedenheit voranzubringen. Sei aber vorsichtig, denn wenn du hier deine Firma in die Pfanne haust, hauen dich deine Chefs später gleich mit rein. Also sehr diplomatisch und genau durchdacht vorgehen, das ist aber grundsätzlich immer sehr gefährlich. Wenn der Vasall den Herrn wechselt, gilt er als Verräter.

Intern ist es manchmal noch einfacher. In der Kantine, Pardon, im Personalrestaurant sitzt man gemütlich mit dem Abteilungsleiter der auftraggebenden Abteilung zusammen, oder noch besser mit dessen persönlichem Assistenten. Da kann man locker seine Probleme schildern, natürlich verdeckt, und ihm mitteilen, dass sein Projekt sich um 6 Monate verschiebt, weil kein Geld da ist und die Leute was anderes machen müssen etc. Wenn dein Gesprächspartner dann das Projekt in seiner Zielvereinbarung hat, wird er es durchsetzen. Und das heißt hier: Geld organisieren oder das Geld aus deinem Chef herausquetschen.

Auch hier gilt: Sei vorsichtig, damit man dich nicht zum Verräter stempelt. Aber dezente Hinweise in einen Scherz gepackt: Übrigens, wir haben heute euer Projekt um sechs Monate nach hinten geschoben. So ein Pech für euch ... haha.» Das ist wie Wasser in ein Wespennest zu spritzen – das kann dich aus der Firma treiben oder endlich den erhofften Geldsegen bringen. Die genaue Reaktion darauf kann man nur teilweise abschätzen. Also Vorsicht bei solchen Maßnahmen, Verräter werden grundsätzlich hingerichtet.

Sich Schicht um Schicht ein dickes Fell zulegen

3. Wenn kein Geld in Aussicht ist, hilft es manchmal auch, das Projekt hinter ein anderes zu schieben, es also unter Zeitdruck zu setzen. Dazu musst du aber mindestens zwei Projekte haben oder für ein zweites arbeiten. Lass dir von jemandem bestätigen bzw. befehlen, dass das andere Projekt absolut 1. Priorität hat. Damit hängst du dich in das höherwertige Projekt und lässt das andere schleifen, weil dieses ja eine geringere Prio hat. Wenn es dann unter Zeitdruck gerät, kann man mit dem Schmiermittel Nr. 1, also Geld, viel retten, und siehe da, plötzlich wird Geld ausgegeben, Leute werden bereitgestellt, und alles ist da, was vorher nicht da war.

Diese Methode verlangt von dir aber sehr viel Leidensfähigkeit, da dann alle auf dir rumhacken und man dir natürlich vorwirft, unfähig zu sein. Außerdem darfst du dann Überstunden machen und musst die Kunden beruhigen und schöne Ausreden erfinden. Ob intern oder extern ist dabei egal. Auf jeden Fall gibt's Druck.

Wenn es denn dann so ist, hilft es wiederum, auf die absolute Priorität des anderen Projekts zu verweisen. Der Staub legt sich dann wieder, und es geht weiter wie bisher. Aber die Stresstage sind nicht ganz angenehm. Das wird dann auch Konsequenzen haben, wird man dir erklären, aber welche sollen es denn sein?

Denk darüber nach, ob deine Stellung und deine Nerven so gut sind, dass du das aushalten kannst. Vielleicht hilft dir dabei die Tatsache, dass im Projektgeschäft ein gutes Nervenkostüm wesentlich wichtiger ist als alles Fachwissen. Es gilt die alte Projektregel: Ein erfolgreiches Projekt muss mindestens gegen eine Anordnung verstoßen haben.

Vieles kann man aussitzen und dann von oben oder durch die Zeit korrigieren lassen. Wenn man nicht unbedingt Karriere machen will, dann kann man im Projektgeschäft durchaus zufrieden arbeiten. Und wenn man Karriere machen will, ist Projektarbeit nur hinderlich. Man zeigt Führungsqualität in der Abteilung und nicht in der Projektarbeit. Also wenn du so Geld kriegen kannst, dann hast du die wichtigste Schule der Projektarbeit durchlaufen. Hut ab.

Wie man Geld ausgibt

Viel schöner, als Geld einzutreiben, ist es, dieses auszugeben. Wenn du Aufträge an Externe zu vergeben hast, wirst du immer willkommen sein. Einige deiner Kollegen lassen sich dann von den Anbietern bestechen. Das ist leider so.

Die Korruption im Projektgeschäft ist groß, vor allem, wenn es um große Summen geht, wird so mancher kleine Projektleiter oder Einkäufer schwach. Ich gehe davon aus, dass du sauber bleibst. Aber immerhin ist es stets schön, beim Lieferanten bewirtet und gehätschelt zu werden. Was spricht dagegen, dass du das so weit genießt und dann aber doch die beste Lösung wählst. Keiner wird dir ernsthaft böse sein. Schau dabei auch auf die Richtlinien deiner Firma! Das kann sonst der liebe Kollege zum Anlass nehmen, dich abzuschießen.

Dabei musst du aber andererseits auch aufpassen, dass der Auftragnehmer dich nicht einlullt. Es klingt halt immer verlockend, wenn man dich als den Größten begreift, obwohl du ein kleines Licht bist. Gute Verkäufer wissen, dass du gefrustet zu ihm kommst. Und dass du ihn gestärkt wieder verlässt, in die Firma zurückkehrst, wenn dir dein Lieferant endlich gesagt hat, dass du eigentlich der Geschäftsführer sein müsstest.

Ehrlich, das baut auf und macht leichtsinnig. Es ist schlichtweg ein gutes Gefühl, der Größte zu sein. Die andere Seite ist natürlich an dem Auftrag interessiert, das ist klar. Und deshalb wird man dich als den Größten begreifen, der du ja auch (ehrlich gesagt) bist. Das hat nur noch niemand erkannt. Und wenn du dann gerade ganz oben bist, dann wird es schwierig.

Im Überschwang an Selbstgefühl kommt man/frau schnell zum Schluss, dass alle anderen es nicht so draufhaben. Und dann darf der Lieferant, der dich gerade zum Größten erhoben hat, das dann gleich ausbaden. Jetzt zeigst du ihm, dass du absolut unbestechlich und vor allem clever bist. Man kann den Lieferanten ausnutzen, indem man einen Auftrag in Aussicht stellt und dann jede Menge Vorleistungen einfordert. Das wird auch eine Weile gut gehen. Wenn dein Lieferant dies aber irgendwann merkt, dann hast du plötzlich niemanden mehr, und es kann sein, dass du dann ein Problem hast, weil dein Lieferant abgesprungen ist und du nun keine Alternative mehr hast.

Hier gibt es eine Grauzone zwischen leben und leben lassen. Wenn du mit deinem Lieferanten gut kannst, kannst du enorm viel Gegenleistung von ihm erhalten, auch in qualitativer Hinsicht. Wenn er aber nichts mehr verdient oder dich als ausgesprochen unangenehm betrachtet, dann hast du sofort ein Problem, wenn es kritisch wird. Das geht zum Beispiel vielen Autobauern so. Ich kenne ehrlich gesagt nur wenige Lieferanten der Automobilbauer, die nicht negativ über ihre Automobilauftraggeber denken und sich manchmal auch so, wenn kein Autobauer dabei ist, äußern. Wenn du bei einem Autobauer arbeitest, dann frag dich mal, was du dazu beigetragen hast, diesen Ruf zu festigen. Da Autobauer die Lieferanten im Lopez-Stil knechten (Lopez hatte Anfang der 90er gnadenlos die Lieferantenpreise gedrückt), erhalten Sie zwar alles sehr günstig und in guter Qualität, aber sonst auch gar nichts.

Viele Dinge würde der Lieferant durchaus kulanterweise mit erledigen oder auf Fehler hinweisen, beziehungsweise würde er Vorschläge machen, wenn die Autobauer sich anders verhalten würden. Insofern behaupte ich, dass, wenn ich nur auf meine Stärke poche, ich wichtige Dinge nicht erfahre bzw. erhalte. Insgesamt also machen die Autobauer hier mehr kaputt und schneiden schlechter ab, als sie es tun würden, wenn sie sich von ihrer Arroganz trennen würden.

Das ist übrigens genauso wie bei dem vorhin angesprochenen Verhalten der Akademiker gegen «niedrig» Arbeitende. Die Qualitätsprobleme sind doch ein gutes Beispiel dafür, dass Knebelverträge zwar alles billiger machen, aber auch billigere Qualität erzeugen. Also denk darüber nach, wie du mit den Lieferanten umgehst. Vielleicht brauchst du mal Verbündete oder willst sogar zu deinem Lieferanten wechseln. Wenn du dich als Kotzbrocken aufführst, darfst du dich nicht wundern, wenn du kühl abblitzt. Mit «hart, aber fair» haben die meisten Lieferanten kein Problem.

Nun zurück zum Geld ausgeben. Wofür benötigst du es? Wird intern über Profitcenter abgerechnet, so hast du für jede interne Person zu zahlen. Dabei gibt es vielleicht auch die Möglichkeit, gleich extern zu gehen, da die Externen oft sogar billiger oder gleich teuer sind. Bei internen Stundensätzen von 70–90 EURO kann man problemlos auswärts gehen.

Also schau dich um bzw. schau auch in deiner Abteilung nach, ob da nicht Kollegen sind, die man einspannen kann. Also die «Ehdas». Da diese dich nichts kosten, weil gleiche Kostenstelle und vielleicht schon als Overhead-Kosten verbucht, kannst du vielleicht deinen Kollegen oder die Kollegin für dein Projekt beschäftigen. Die sind ja eh da. Das spart dann viel Projektgeld.

Man kann intern auch Leute beschäftigen, ohne dass diese dich überhaupt etwas kosten. Zum Beispiel werden viele Kollegen nicht mit der Zeiterfassung belästigt. Die schlagen für dich über die Allgemeinkosten zu Buche. Wenn dein Chef also etwas für dich arbeitet, ist er in den hohen Allgemeinkosten schon enthalten, du hast ihn ja dann schon bezahlt. Zeiterfassung ist nervig, und deshalb ist es ein Privileg, dieses nicht machen zu müssen. Ergo kosten die teuersten Leute gar nichts, da sie «Ehdas» sind (du erinnerst dich) und in den Allgemeinkosten alles verteuern. Also sind sie in deinem Projekt über die Stundensätze schon enthalten, und du musst deinen Chef nur dazu kriegen, mal für dich zu arbeiten. Das ist natürlich am schwersten (also arbeitet) und wird oft nicht klappen.

Aber es gibt auch sonst noch Kollegen in deiner Abteilung, die nicht verrechnet werden, also Allgemeinkosten sind. Nicht nur die Chefs. Schau, ob du diese nicht verstärkt einbinden kannst. Das spart Geld in deinem Projekt.

Pass auf, dass du noch Luft kriegst

Vielleicht musst du auch ausschreiben. In diesem Teil hast du ordentlich zu tun. Denk aber dran, dass du nie an alles denken kannst. Also gestalte die Ausschreibung so, dass du noch Spielraum hast. Vielleicht hat ein Lieferant eine Lösung, die ganz prima und preiswert ist, an die du aber nie gedacht hast. Den kannst du dann nicht beauftragen, wenn du zu eng ausgeschrieben hast.

Ich habe einmal eine Ausschreibung für ein EDV-gestütztes Projektmanagement mit ca. 60 Seiten erhalten. Dort fand sich alles, was in den Lehrbüchern steht. Das Ganze passte aber hinten und vorne nicht zusammen. Ich habe damals freundlich abgesagt. Später bin ich durch einen Zufall wieder über die Firma gestolpert und erfuhr von dem Kollegen des Ausschreibenden, dass dieser grauenhaft gescheitert war. Deren Softwareanbieter hatte diese Lösung zwar begonnen, das Projekt aber nie abgeschlossen, weil es einfach so nicht zu machen war. Geld weg, Lieferant am Ende, Chaos pur und keine Lösung. Projekt gescheitert. Das muss man sich nicht antun.

Wenn du also ausschreiben musst oder sogar willst, schreib nur hinein, was wichtig ist. Alles andere lass weg. Wenn du eher lösungsoffen ausschreibst, kannst du später viel leichter Korrekturen am Konzept vornehmen und dich für eine Lösung entscheiden, an die du vielleicht nicht gedacht hast.

Bei Riesenprojekten wird unendlich viel Geld verpulvert, nur um sich im Claim Management gegenseitig vorzurechnen, was ausgeschrieben war und was nicht. Leistung hier zusätzlich, also höhere Kosten – Leistung hier weniger, also Abzug. Wenn ich das so locker schreibe, ist mir natürlich bewusst, dass das nicht so einfach ist. Aber in manchen Branchen ist man gar nicht mehr in der Lage, einfach und pragmatisch zu denken.

Also steh einfach mal neben dir und denk drüber nach, ob einfacher nicht doch besser wäre. Das gilt übrigens generell. «Keep it simple» sagt man neudeutsch. Je komplexer ein System, desto störanfälliger. Viele Dinge kann man einfach lösen oder kompliziert. Warum machst du es dir unnötig schwer? Willst du dich vielleicht profilieren? Komplex kostet Geld, du kannst es für eine aufwendige Lösung ausgeben oder für eine schöne und runde Lösung, die dann auch funktioniert und viel weniger kostet. Das gesparte Geld nimmst du dann für ein anderes notleidendes Projekt. Du erinnerst dich?

Sitzungen abhalten und gewinnen

Mein Lieblingsthema. Warum? Ganz einfach – in den Sitzungen wirst du gewinnen oder verlieren. Eine Sitzung ist entspannend oder der absolute Horror. Nirgendwo kann man so schöne Verhaltensstudien betreiben wie in Sitzungen.

Es gilt das geflügelte Wort: Fühlst du dich einsam im Büro? Mach eine Sitzung. Du kannst endlich Kaffee trinken, Gebäck essen, die nette Kollegin von nebenan anbaggern, und es wird schneller Abend.

Und genauso laufen viele Sitzungen. In den vielen Sitzungen, an denen ich mich nach obigem Muster tummeln durfte, habe ich mich oft, und zwar sehr oft gefragt: «Was soll hier eigentlich rauskommen?» Da wurde über das kleinste Detail diskutiert und die großen Probleme vergessen. Da wurde stundenlang getagt, und anschließend gab es weder Beschlüsse noch Konsens. Da wurden Sitzungen mit 25–30 Leuten abgehalten (ein absoluter Horror), weil man niemanden übergehen wollte. Ergebnis: keins. Kosten: hoch. Und so weiter. Aber nun mal systematisch. Fangen wir ganz am Anfang an.

Wozu eine Sitzung?

Was willst du mit deiner Sitzung erreichen? Denk drüber nach, was du willst und wen du dazu unbedingt brauchst. Vielleicht nur die hübsche Kollegin? Dann reicht eine Besprechung in trauter Zweisamkeit! Welche Leute sind denn so wichtig, dass sie teilnehmen müssen, welche musst du halt aus politischen Gründen dazu nehmen (mein Horror). Apropos Politik. Hier wird es schwierig. Je größer die Firma, umso mehr gibt es die Verhinderer, die nichts zu tun haben, ganz wichtig sind und nichts dem Zufall überlassen. Also müssen sie immer und überall dabei sein. Wenn du kannst, umgeh sie und leg das Meeting so, dass sie sich auf die andere Sitzung stürzen, die für sie kritischer oder interessanter ist. Dann kannst du arbeiten.

Es gibt immer Gründe, warum deine Sitzung ausgerechnet an diesem Termin stattfinden muss. Frühmorgens oder spätabends sind prima Termine. Die mögen die Verhinderer nicht. Schau in seinen elektronischen Kalender, wann er keine Zeit hat, und lege die Sitzung aus wichtigem Grund auf diesen Termin.

Besonders gut als Vorwand eignet sich auch der einzige freie Termin des Chefs deines Chefs oder des Chefs deines unliebsamen Kollegen. Da kann er nicht meckern. Wenn der oberste Boss nur dann kann, dann kann er halt zufällig nur dann. Basta. Das ist Gesetz, und du bist den Sitzungskiller los. Dazu nochmals weiter unten.

Die Leute hast du nun eingeladen. Nun brauchst du noch eine Agenda. Wenn du Beschlüsse haben willst, dann musst du auch wissen, welche. Und dazu musst du aufschreiben, welche Themen du behandeln willst.

Pack nicht zu viel in deine Sitzung. Kannst du dich drei Stunden konzentrieren? Wenn ja, super. Dann pack die heißen Themen Richtung Ende, wenn deine Kollegen müde sind. Dann gibt es weniger Widerstand. So einfach geht das.

Willst du was erreichen? Dann nimm die unstrittigen Themen an den Anfang. Ich war in Sitzungen, die nach zwei Stunden nur das erste Thema behandelt hatten. Und da kein Konsens da war, gab es keinen Beschluss, und es war überhaupt nichts erreicht. Apropos! Nimm neudeutsch in deinen Wortschatz auf: Man macht ein Meeting und keine Sitzung. Deine Agenda hat Tops und Pressure-Points, nicht Themen. Deine Sitzungseinladung garniere mit vielen Fremdwörtern, besser noch mit Anglizismen.

Lade auf Englisch ein, auch wenn nur Deutschsprachige daran teilnehmen. Schließlich ist dies ein internationaler Konzern. Member of the Board und CEO, CTO, CIO, CNN, CIA, KGB und so weiter klingt immer prima.

Hauptsache, du hast eine schnittige Einladung in Excel getippt, mühsam formatiert und an möglichst viele verteilt. Je mehr in der Sitzung sind, desto wichtiger ist diese. The show must go on. Das ist natürlich Quatsch, aber leider oft erfolgreich.

Von Wissern und Plauderern

Nun mal im Ernst. Mehr als 5 Leute in der Sitzung heißt für jeden Teilnehmer mehr ca. 10 Minuten Zeitverlust. So einfach lässt sich das berechnen.

Aber du musst unterscheiden. Wenn du nur informieren willst, kannst du viele Leute einladen. Das ist manchmal sehr wichtig, insbesondere wenn es um die interne Organisation geht. Da sind deine Kollegen sehr empfindlich. Und da hilft offene Kommunikation viel.

Bei politisch sensiblen Themen mache ich das grundsätzlich. Und damit es nicht ausartet, immer vor der Mittagspause. Da wollen dann alle an den Futtertrog, und es kommt nicht zu Endlosdiskussionen. So bleibt die Sitzung kurz und knackig. Wenn du das nachher machst, kann deine Infositzung Stunden dauern, da alle gemütlich verdauen und keine Lust haben, aufzustehen. Vor 12 Uhr passiert das nicht! Versprochen.

Wenn du aber in der Sitzung etwas erreichen willst, halte den Kreis klein und die Kompetenz hoch. Also such dir die Leute aus, die etwas wissen (das sind ohnehin nicht so viele) und dazu noch etwas können (das sind noch weniger). Dann bekommst du Lösungen und Entscheidungen. Sonst nicht.

Ich hab Leute kennengelernt, die haben nur einen Beitrag in zwei Stunden gebracht. Der hatte es dann aber in sich. Da war dann volle Kompetenz zu spüren. Diese Leute brauchst du, nicht die Plauderer, die immer alles wissen. Aber aufgepasst. Denk daran, dass es hier um Politik geht. Dieser Plauderer kann dir vielleicht an einer anderen Stelle helfen. Dann brauchst du ihn, nicht wegen seiner Kompetenz, sondern wegen seiner Kontakte und wegen seines schnellen Mundwerks.

Also schau dir in den Sitzungen, die du nicht selbst führst, die Leute an und mach dir ein Strategogramm. Noch nie gehört? Ich auch nicht, ist eine Erfindung von mir. Ich male mir in den Sitzungen, wenn ich nicht so involviert bin, auf, wer mit wem kann und wer wo seine Stärken hat. Das steht dann in meinem Buch als wilde Graphik, die Außenstehende nicht interpretieren können. Da der Mensch aber in Bildern denkt, hast du bald raus, wo du den Hebel ansetzen musst, wenn du was erreichen willst. Dann hast du auch bald ein Gespür, wen du ansprechen musst oder wem du am besten aus dem Weg gehst.

Dann wird dir auch schnell klar, wen du eigentlich nicht magst. Und umgekehrt. Beim Strategogramm kommt es nicht auf das methodisch Korrekte an, sondern auf deine Wahrnehmung. Die Kommunikation des Menschen besteht aus 90% nonverbaler Kommunikation, also Körpersprache! Nimm nicht die Worte allein. Christus sagte: Folgt ihren Worten und nicht ihren Taten.

Anders ausgedrückt heißt das: Wasser predigen, Wein trinken. Und so verhalten sich viele deiner Mitmenschen. Sie predigen das lautere Wort des gemeinsamen Ziels in der Sitzung, handeln aber dann gegensätzlich nur nach ihrer Zielvereinbarung und ihrem Vorteil. Wenn du dann mal auf Körperhaltung und Mimik achtest, auf die Hände, die Füße, die Augen. Dann siehst du genau, ob Wort und Körper zusammenpassen. Und oft tut es das nicht. Aber Vorsicht. Auch dir selbst gegenüber!

Nicht jede Unstimmigkeit, die du wahrnimmst, ist so begründet. In vielen Firmen ist der Druck auf die Einzelnen so hoch, dass diese Unstimmigkeiten Ausdruck von Angst sind und nicht von Falschheit. Zuerst *be*urteilen, dann *ver*urteilen. Nicht umgekehrt.

Sei also auch dir und deiner Wahrnehmung gegenüber kritisch und urteile nicht negativ, nur weil du ihn oder sie nicht magst. Vielleicht ist dein Urteil nur ein Vorurteil, das sich hier bestätigt. Wenn also dein Strategogramm Formen annimmt, hast du gute Voraussetzungen, deine Sitzung sauber über die Bühne zu bringen. Wenn's eng wird, hetze einfach die beiden Feinde aufeinander. Du bist dann solange außen vor.

Das hört sich dann etwa so an: «Herr A könnte Ihnen ja dabei helfen bzw. Unterstützung leisten. Die Abteilung möchte das aber so.» Und schon geht's los. Also mache dir vorher Gedanken, wer in der Sitzung sein wird und wen du brauchst oder einladen musst. Je nach Zusammensetzung läuft die Sitzung wie geschmiert oder wird zum Fiasko.

Beispiel gefällig: Bei einem großen Projekt gab es über die verschiedene Werke und Bereiche hinweg eine Großsitzung mit 18 Leuten. Da wurden tolle Modelle gewälzt, Lösungen vorgeschlagen, und immer wenn es zu einer Entscheidung kommen sollte, meldete sich der Kollege eines wichtigen Bereichs, der sonst keinen Beitrag leistete, und sagte: «Da können wir nicht zustimmen.» So ging das den ganzen Vormittag. Es wurde nicht ein Thema beschlossen.

Die Stimmung heizte sich auf, der Projektleiter, Sohn eines großen Tieres, war völlig überfordert, aber niemand getraute sich, sich einzumischen und ihm die Sitzung aus der Hand zu nehmen. Die Stimmung war am Tiefpunkt. Am Nachmittag eskalierte dann die Sitzung. Nachdem der Sozialdruck immer größer geworden war, gab der Betroffene zu, von seinem Chef angewiesen worden zu sein, alle Beschlüsse abzulehnen. Allgemeine Entrüstung, die Sitzung lief weiter, aber ohne Beschlüsse. Der Tag war gelaufen. Keine Beschlüsse, hohe Kosten. Projekt so weit wie am Vormittag.

Totaler Frust bei allen Beteiligten, auch bei dem armen Hund, der für seinen Chef alles torpedieren musste. Also nochmals. Schau dir die Motive der Einzelnen an.

Vorbereitung mit System

Wenn du nun also eine Sitzung einberufst, um Entscheidungen zu erhalten, dann wähle den Kreis so klein und so kompetent wie möglich. Nimm die Punkte, die dringend bzw. unstrittig sind, an den Anfang. Dann hast du zumindest einen Teil der notwendigen Entscheidungen bzw. Festlegungen rasch erreicht.

Und wenn schon am Anfang Konsens herrscht, werden viele Leute viel entspannter und sind später eher bereit, einem Vorschlag doch noch zuzustimmen, um die gute Stimmung nicht zu gefährden.

Am besten mach den Kollegen von Anfang an klar, dass du Entscheidungen willst. Ob technischer oder politischer Natur, ist dabei nicht unerheblich. Über technische Details lässt sich selten streiten. Festigkeiten, Dämpfungswerte, letale Dosis sind meist nicht sehr strittig. Politik sehr wohl. Wer will was?

Wenn der Kreis klein und eher unpolitisch ist (was viele Techniker sind) hast du eine gute Chance, mit deinem Projekt voranzukommen. Auch wenn es um Politik geht. Bereite die Punkte vor oder besprich sie bereits im Vorfeld mit den Verantwortlichen.

Je kompetenter du in die Sitzung gehst, umso mehr werden sich auch die Kollegen bemühen, von dir nicht an die Wand gespielt zu werden. Wenn du dem Statiker vorrechnen kannst, dass er sich verrechnet hat, hast du vielleicht einen Feind, aber auch einige Bewunderer mehr. Wenn aber deine Kompetenz insgesamt anerkannt ist, wird man sich in deiner Sitzung zusammenreißen und ebenfalls vorbereitet erscheinen.

Das ist übrigens eine Unsitte in vielen Firmen. Da soll in der Sitzung eine Entscheidung getroffen werden, und der Verantwortliche dafür ist nicht vorbereitet. Hat nicht mal die Agenda gelesen. Kennt die Fakten nicht, kann die Aussagen nicht validieren und so weiter.

Diesem Kollegen musst du dann klarmachen, dass er überflüssigerweise da ist. Also inkompetent. Das geht meist damit los, dass er auch das letzte Protokoll nicht gelesen hat, häufig die Sitzung verlässt, um zu telefonieren usw. Er ist an diesem Thema/Projekt oder an deinem Projekterfolg nicht interessiert. Dieser Kollege wird dein Projekt stets gefährden.

Also überleg dir, ob du ihn nicht schon im Vorfeld durch einen Kollegen vertreten lassen kannst, der wirklich kompetent ist. Dazu eignet sich wieder der Outlook/Notes-Kalender ganz prima, aus dem hervorgeht, wann er keine Zeit hat. Kommt es immer wieder vor, dass dieser Kollege nicht liefert oder nichts weiß, schreib das ins Protokoll. Natürlich nicht: Kollege A hat keine Ahnung. Das macht keine wirklich gute Stimmung.

Das geht viel einfacher. Lass den ersten Termin, an dem er liefern soll, stehen. Schreib den zweiten drunter usw. Bald sind es 4 oder 5 Termine, an denen er nicht geliefert hat. Dann kannst du es eskalieren lassen. Ganz oben. Der Kollege ist böse (das ist er sowieso schon, weil er merkt, dass du ihn unter Druck setzt), aber dein Projekt geht voran.

Denk aber immer daran, ob du den Kampf gewinnen kannst. Wenn dein Kollege unangreifbar ist, weil vielleicht der Sohn des Chefs, dann lass es und schau, wie du anders vorankommst. Führe keinen Krieg, den du nicht gewinnen kannst.

Außer du hast schon einen anderen Job. Dann macht es Spaß! Nochmals: Lies dazu Machiavelli, «Der Fürst».

Kämpfer, an die Front

Rein politische Sitzungen wie z.B. bei einem Reorganisationsprojekt sind noch schwieriger. Diese Sitzungen dienen ja meist dazu, Akzeptanz für die Umorganisation zu erreichen. Dazu musst du viele Leute einladen und denen klarmachen, dass dein Projekt nun alle Abteilungen umkrempelt. Viel Spaß.

Also hier gilt nur ein Gebot: Den besten Verkäufer an das Pult! Da hilft dir deine Fachkompetenz gar nichts. Sei ehrlich zu dir. Bist du der technische Guru, der alles Technische beherrscht und sich dort wohl fühlt? Dann bist du wahrscheinlich ein schlechter Verkäufer und eher nicht als begnadeter Redner bekannt. Denn deshalb hast du dich ja für die Technik entschieden. Weil es dich interessiert und du Spaß daran hast.

Wenn du also nur annähernd zu dieser Kategorie gehörst, lass die Finger weg von den politischen Sitzungen. Das wird natürlich nicht immer gehen. Dann such dir einen Kollegen oder vielleicht einen Berater, der dann vorne steht und deinen Leuten bzw. dem Kunden klarmacht, dass dieses Auto keinen Motor hat und deshalb für die Wüste am besten geeignet ist, da es dort ja nur wenig Tankstellen gibt und man damit nicht tanken muss, man damit also problemlos durch die Sahara kommt.

Wenn du da vorne stehst und rumstammelst, mit vielen Ähs und Öhs, dann sind diese Sitzungen eine Qual für dich und vor allem für die Zuhörer. Und wenn du dann Leute im Meeting hast, die deinem Thema feind sind, dann gute Nacht.

Sei also einfach ehrlich zu dir. Wenn du als begnadeter Nichtredner hier die Anwesenden überzeugen sollst, so kannst du nur, aufgrund deiner netten Art, auf Mitleid hoffen. Die Botschaft wird wohl nicht ankommen. Da hilft dir auch deine Kompetenz nicht. Die Anwesenden wollen sich nicht verändern. Der Mensch ist so gelagert, das hat sich Millionen von Jahren bewährt. Veränderungen gingen früher über Generationen, nicht in Jahren.

Also musst du überzeugen. Einerseits weil das Projekt jetzt alles einfacher macht und andererseits weil der Vorstand das so will und so beschlossen hat. Basta. Alle müssen das ganz prima finden, weil die Götter dies so wollen und weil es für deine Kollegen/Kunden so das Beste ist. Und so musst du die Sitzung vorbereiten.

Wer ist dagegen, welche Einwände können kommen? Also bereite die Sitzung mental vor. Wenn ein Kollege den Verkauf deines Projekts übernimmt, musst du selbstverständlich anwesend sein. Überleg auch, ob dein Chef die Einführung macht oder sogar ein Vorstand. Das ist immer prima. Biete ihm an, die wesentlichen Punkte für ihn vorzubereiten. Dann muss er selbst nichts tun und ist eher bereit, den Part zu übernehmen und seine Kompetenz (Macht) zu demonstrieren. Außerdem nimmt er dann eher zu den Themen Stellung, die dir wichtig sind. Hauptsache, er macht den Anwesenden klar, dass das so oder so laufen soll, weil er das so will.

Und du hast den Vorteil, dass du genau die Punkte auf seinen Handzettel schreiben kannst, die dir wichtig und vielleicht bei den Kollegen umstritten sind. Dann ist schon alles durch den Chef gesagt. Der Widerstand kommt noch früh genug, aber die erste Hürde ist geschafft und das Projekt vielleicht abgeschlossen, wenn es zum Eklat kommt oder die Abteilungen so weiterwursteln wie bisher.

Wenn du selbst die Einleitung übernimmst, dann nur kurz, und danach lass deinen Kollegen das Projekt vorstellen. Fachliche Fragen kannst du dann ja immer noch beantworten. Da bist du ja auf sicherem Terrain. Und vergiss nicht. Wenn du selbst unsicher wirkst und an die Ziele nicht glaubst, dies dummerweise noch artikulierst, wirst du diese politische Sitzung als Fiasko in Erinnerung behalten. Also Augen zu und durch und das Projekt als Gewinn für alle verkaufen.

Weiter unten komme ich nochmals darauf zurück, welche Mechanismen da wirken. Sei dir gegenüber also ehrlich und überlege, ob du wirklich der bist, der das Projekt gut verkaufen kann. Wenn nicht, lass einen Kollegen das tun. Was schadet es dir, wenn er vorne glänzt und für dich arbeitet?

Das Protokoll

Ich weise immer wieder darauf hin: Nutze das Protokoll. Das ist wie ein Panzer. Protokolle sind im externen Geschäft sogar wie Verträge. Also behandele sie auch intern so. Protokolle sind unangreifbar. Was dort steht, sind nur Fakten, Arbeitsaufträge, Beschlüsse und Informationen. Keine Gefühle. Die hast nur du. Deshalb nutze dieses Instrument für deine Zwecke. Das heißt aber nicht, dass es wirklich immer so sein muss.

Beispiel gefällig? In einer Sitzung hat ein Projektleiter auf das Protokoll verwiesen und dass dort die entsprechenden Spezifikationen standen. Daraufhin hat ein Profitcenterleiter dieses vor allen zerrissen und somit klargestellt, dass ihn das nicht betrifft, sondern es so zu laufen hat, wie er es nun haben will. Damit war der Projektleiter degradiert, der andere hatte seine Macht demonstriert.

Die Wirkung war zunächst klar, auf Dauer jedoch für diesen Profitcenterleiter fatal. Er hinterließ bei den Teilnehmern zwar Eindruck, andererseits wusste nun jeder, dass er einen schlechten Stil pflegt. Der Hass auf diesen Kollegen war groß, und was kann er dann tun, wenn man ihn auflaufen lässt?

Zahlen-Daten-Fakten: Einfach ruhig bleiben

Wie oben schon mal erwähnt, schreibe ich Protokolle möglichst selbst. Dann kann ich die Punkte, die mir persönlich wichtig sind, aufnehmen und terminlich festlegen.

Auch Kunden lassen sich gerne von mir das Protokoll schreiben. Da kann ich mich stets auf die Faulheit der Leute verlassen. Ich schreibe dann das auf, was für das Projekt gut und notwendig ist. Was ich nicht mag, steht nicht drin. Seltsamerweise hat in 20 Jahren kein einziger Teilnehmer meine Protokolle bezweifelt oder ernsthaft angegriffen, auch wenn ich wie mehrfach direkt in die Abteilung eingebunden war.

Im Gegenteil: Die meisten haben sie gar nicht gelesen! Erst wenn ich einige Tage vor Fälligkeit des Ergebnisses der Aufgabe angerufen oder gemailt habe. Dann erschraken sie immer.

Dann kommen Ausflüchte, wortreiche Rechtfertigungen. Teilweise auch Angriffe. Das würde nicht stimmen usw. Einfacher Konter meinerseits: Warum sagen Sie das erst jetzt? Schweigen auf der Gegenstelle. Aber ansonsten wird alles dann halt so gemacht, wie ich es aufgeschrieben habe. Einfacher geht es als Projektleiter nicht. Und obwohl ich als Externer ja meist sogar nur Lieferant oder

Dienstleister bin und in der Abteilung nur auf Zeit, lassen sich die Projektleiter gerne von mir führen.

Ich sage Ihnen, was sie tun sollen. Sie haben keine Arbeit, und ich habe keinen Stress. Eine echte Symbiose. Hier kommt noch hinzu, dass ich es als Externer sehr viel leichter habe als die Internen (oder zumindest die meisten).

Wenn ich als Externer argumentiere, ist das für die Internen meist einfacher zu akzeptieren als von Firmenmitarbeitern, da mir ja der politische Grund fehlt. Also mache ich vielen Projektleitern in trauter Zweisamkeit das Angebot, dass ich ihr Projekt zum Erfolg führe. Und sie dürfen dann die Lorbeeren ernten.

Beim Chef lass ich dann nebenbei fallen, dass der Projektleiter gute Arbeit macht, das sitzt dann. Der Externe hat das gesagt, so ist uns beiden geholfen.

Die Protokolle helfen dir auch dabei, die Fakten im Auge zu behalten. Wenn die Protokolle sauber sind, kann man da seine «Zu tun»-Liste sehr gut ergänzen. Das Problem dabei ist jedoch, dass viele Projektleiter nicht besonders gut tippen können. Die benötigen dann Stunden, um das Protokoll zu schreiben.

Wenn man auf der Tastatur schnell ist, ist das eine Sache von einer halben Stunde. Wenn ich nur im Projektbüro tätig bin, das Protokoll also Bestandteil meiner Arbeit in der Sitzung ist, schreibe ich es sogar direkt in der Sitzung auf dem Laptop mit, also nicht in mein berühmtes Buch. Wenn ich die Sitzung auch moderiere, tue ich das nicht. Dann ist es effizienter, die Punkte kurz im schlauen Buch zu notieren und später auszuformulieren. Noch besser ist es, wenn ein Freund mitprotokolliert.

Wenn du nun die Protokolle schön formuliert und an alle wichtigen und unwichtigen Leute verteilt hast, musst du noch die offenen Punkte zusammenstellen. Das sind alle Aufgaben, nach Fälligkeit sortiert, also die demnächst fälligen zuerst. Diese Liste hakst du schonungslos und, wenn du cool wirken möchtest, ohne Emotionen ab. Aufruf: «Herr X, die Tätigkeit war letzten Montag fällig. Ich habe kein Ergebnis erhalten.» Schweigen, Gestammel oder Angriff der Gegenseite, warum sie diesen Punkt nicht erledigt hat. Und übrigens war alles ganz anders.

Wenn's nicht wichtig ist, neuen Termin geben lassen und notieren. Je sachlicher du dabei wirkst, umso weniger Angriffsfläche bietest du. Du hast ja nicht geschlampt. Viele deiner Kollegen reagieren hier aggressiv, da sie wissen, dass sie nichts getan haben. Und wenn sie alle nicht an deinem Projekt arbeiten, weißt du, welchen Stellenwert dein Projekt hat.

Also nochmals ganz cool die Fakten festhalten: «Ich hab ja nicht gesagt, dass sie eine Flasche sind», kannst du dann antworten, wenn dein Kollege aggressiv antwortet. «Ich habe lediglich festgestellt, dass die Aufgabe nicht erledigt wurde, obwohl zugesagt. Das kann ja Gründe haben, hilft mir aber nicht.»

Was will er noch sagen? Damit baust du auch Sozialdruck auf. Beim zweiten Mal wird es für deinen Kollegen schon schwieriger, sich zu rechtfertigen. Dann kannst du zuschlagen. Dann sprich es an. Du hast ja guten Willen gezeigt, die Abteilung oder der Kollege nicht. Wieder nicht gemacht. Er gefährdet dein Projekt und damit das deines Chefs.

Je nach deinem Temperament und deiner Art kannst du hier heftig werden oder ganz ruhig und knallhart in der Aussage. Oder du lässt es einfach so stehen. Auch das nächste und übernächste Mal. Dann kannst du vielleicht dein Projekt schön an die Wand fahren. Und die anderen sind schuld.

Viele Projekte werden ja nur gemacht, um ein Alibi zu haben. Vielleicht ist deins ja auch dabei. Die anderen sind schuld, und du kommst mit einem blauen Auge davon. Problematisch wird es aber dann, wenn man dir vorwerfen kann, dass du das Projekt schleifen lässt, also die andere Abteilung hättest zwingen müssen. Dann bleibt es an dir hängen.

Also schau genau hin. Kann die andere Abteilung mauern oder nicht? Wenn du keine Durchgriffsmöglichkeit hast, musst du es nach oben eskalieren lassen. Es ist sehr schwierig, hier eine allgemeingültige Regel zu formulieren. Hier zählt auch deine Stellung, dein Alter, die Bedeutung deiner Abteilung, das Projekt, die Rolle der anderen usw.

Also schau dir das Umfeld genau an, bevor du dich aufmachst, dir neue Feinde zu schaffen. Du musst unangreifbar sein. Und dazu hilft die «Offene-Punkte-Liste» neudeutsch Open-Item-List. Hier stehen die Fakten. Und Fakt ist, dass die anderen ihre Arbeit zugesagt haben, diese aber nicht geliefert haben. Also sind es die anderen, die schuldig sind. Und du musst dafür dann den Kopf hinhalten, weil du der Projektleiter bist. Wenn das kein Grund ist, die Sache zu eskalieren?

Wenn die Arbeit erledigt ist, wird sie als erledigt gekennzeichnet und verschwindet aus der «Offene-Punkte-Liste». Die anderen, und das sind leider oft die Mehrzahl der fälligen Punkte, erhalten einen neuen Termin. Wichtig dabei ist aber, dass du den ursprünglichen Termin behältst. Zum einen, um eine glasklare Schuldzuweisung machen zu können, zum anderen, weil er ja auch Auswirkungen auf dein Projekt hat.

Wenn Arbeiten nicht erledigt werden, dann hat dein Projekt meist auch ein Zeitproblem. Auch wenn die Arbeit zeitlich genügend Spiel hat, wird die Zeit trotzdem irgendwann knapp. Und du musst in der Lage sein, die Folgen abzuschätzen. Das nimmt dir niemand ab.

Wenn du selbst pennst und nicht mitkriegst, dass diese Arbeit dein Projekt verzögert oder gefährdet (besonders tragisch bei Kundenprojekten mit Pönalen, also Vertragsstrafen), dann haut man dich in die Pfanne, nicht die andere Abteilung, die nicht geliefert hat.

Der andere Abteilungsleiter ist der Tennispartner deines Abteilungsleiters. Jetzt weißt du, warum dein Chef deine Kompetenz in Zweifel stellt und sich nicht mit der anderen Abteilung anlegt.

Hier hilft dir wiederum das Strategogramm. Du merkst hoffentlich, dass alles, was du tust, letztendlich eher ein Kommunikationsthema ist als ein Sachthema. 90 % aller deiner Probleme, und da bin ich mir ganz sicher, sind zwischenmenschliche Schwierigkeiten und nicht Differenzen bei Sachthemen. Nur hat man dir während des Studiums davon nichts gesagt, geschweige denn dich darin ausgebildet.

Da wäre es wahrscheinlich viel sinnvoller gewesen, du hättest mal bei den Soziologen ein Seminar besucht, anstatt Algebra 4 zu büffeln. Nur die Prüfung hätte dann jemand anderes schreiben müssen.

Nun hast du die Agenda und das Protokoll geregelt, nun zu meinem Lieblingsthema: Die Sitzung selbst.

Die Sitzung

Zuerst beschreibe ich die Rolle des Sitzungsleiters. Diese Rolle ist ungleich schwerer als die Sitzungsteilnahme. Ist ja logisch. Sitzung kommt von sitzen. Da sitzen also viele rum und fragen sich, was sie da eigentlich sollen. Das riecht schon förmlich nach Arbeit.

Also setzen wir uns da mal rein. Schon die Wortwahl sollte dich alarmieren. Man setzt sich nicht in deine Sitzung mal rein. Reinsitzen heißt, bequem die Zeit rumbringen und der Dinge harren, die da kommen können. Vor allem die Schokokekse futtern, bevor die anderen da sind. Von Engagement keine Spur.

Deine Sitzungen jedoch sind gefürchtet, denn da wird gearbeitet. Merkst du den Unterschied? Wer sich in deine Sitzung reinsetzen kann, ist überflüssig. Braucht also auch nicht teilzunehmen. Also gleich von der Einladungsliste streichen.

Wer nur wegen des guten Kaffees bei dir in der Sitzung sitzt, ist fehl am Platz. Sag ihm das und frag ihn, ob er unbedingt teilnehmen will. Natürlich will er nicht, er muss. Oder auch nicht. Mach ihm den Vorschlag, dass er nur teilnehmen muss, wenn etwas für seine Abteilung ansteht. Du wirst dich dann bei ihm melden.

Wenn du ihn dann einlädst, dann schütte ihn mit Arbeit zu. Warum sollen die nichts arbeiten. Da die anderen Kollegen eh da sind (du erinnerst dich), kosten sie nichts und können ruhig mal etwas für dich tun.

Es liegt an dir

Sei als erster da! Das ist nicht immer einfach, aber machbar. Schau, ob alles da ist: Genügend Stühle, Tische, Papier, Stifte, Beamer ... Das klingt banal. Ist es aber nicht. Ich schätze, dass 10–20 % aller Sitzungen schon mit Chaos starten, dass z. B. der Beamer nicht geht oder nicht da ist, Stifte fehlen, Stühle geholt werden müssen. Da ist der Start schon schlecht, die Kollegen nicht bei der Sache etc. Und es kostet Zeit. Und Zeit ist Geld.

Schätze mal die Löhne und Nebenkosten deiner Kollegen und rechne die 10 Minuten hoch, was das an Geld ist. Außerdem kannst du dich dann noch kurz sammeln, wenn du früher da bist. Schau die Agenda an, die Unterlagen. Da reichen zwei Minuten, damit du im Bild bist.

Du bist derjenige, der die Sitzung zum Erfolg führen muss, nicht deine Kollegen. Wenn du als Letzter einläufst (was viele Chefs gerne tun, um ihre Wichtigkeit zu betonen, obwohl sie vorher noch im Büro rumgelungert sind), bist du schon hektisch, und das überträgt sich auf die Kollegen. Du vergisst etwas oder suchst zuerst in den Unterlagen. Wenn du anfängst, sollte das ruhig geschehen und konzentriert. Und du wirst merken, dass sich das auch auf deine Kollegen überträgt. Sich sammeln und dann los.

Dass Kirchenvertreter hier zuerst beten, hat nicht nur religiöse Gründe. Wenn alle gebetet haben, sind alle auf Kurs. Übrigens keine schlechte Idee für die Projektarbeit. Bei einem schmerzhaften Rosenkranz käme mancher mal zum Nachdenken! Natürlich musst du nicht beten, aber eine kurze Einführung zum Thema bewirkt dasselbe.

Das Thema nochmals anreißen, die Punkte nennen und alle wissen, worum es geht, auch die, die mal wieder die Agenda nicht gelesen haben.

Nächster Punkt: Fang pünktlich an. Ich habe vor Jahren einmal den Abteilungsleiter einer Firma, in der ich tätig war, ausgesperrt. Alle waren da, außer ihm, die Türe zu, und die Sitzung hatte begonnen. Als er zu spät kam, war er sehr ungehalten, wollte aber nicht in die laufende Sitzung stänkern. Von da an war er bei meinen Sitzungen immer pünktlich. Und das hat sich auch auf die anderen übertragen. Die Sitzung fängt nicht um 10 Min nach 9 an, sondern um 9:00 Uhr.

Die Studienzeit ist schon lange her. Sonst hättest du ja 9:10 Uhr geschrieben. Da sitzen dann hoch bezahlte Leute und warten auf andere, die es nicht auf die Reihe kriegen und später kommen. Warum?

Ich habe mir das unzählige Male angesehen. Es war in weniger als 10 % wirkliche Verhinderung, dass Leute zu spät kamen. Noch ein Telefonat vor der Sitzung heißt nun mal oft, 10 Minuten zu spät. Also nicht telefonieren, sondern die Sitzungsunterlagen ansehen.

Das wäre weit effizienter. Aber es macht sich nicht so gut. Es unterstreicht nicht die eigene Wichtigkeit.

Und wichtig ist, wer andere warten lassen kann. Wenn der Chef zu spät kommt, macht das nichts. Er verpasst ja nur die Einleitung, hat eh keinen konstruktiven Beitrag zu leisten.

Also Türe zu und anfangen. Das machst du ein paarmal, und du wirst sehen, dass die meisten pünktlich sind. Es ist nämlich peinlich, in eine Gruppe von außen einzudringen. Eine Gruppe grenzt sich stets von anderen ab. Das sind ganz alte menschliche Verhaltensregeln. Du wechselst ständig deine Gruppe, wirst ihr Mitglied und verlässt sie wieder bzw. die temporäre Gruppe löst sich wieder auf.

Beispiel gefällig? Beim Kolonnenfahren auf der Autobahn gibt es ja die Hüpfer. Die sind zunächst Mitglied der Gruppe der Langsamen. Die haben sich nun also erfolgreich in die andere Schlange gedrängt, und siehe da: Sie lassen die der anderen Gruppe, die sie soeben verlassen haben, nicht rein, fahren möglichst dicht auf, damit der andere nicht reinkommt. Purer Egoismus und ein schönes Beispiel für Gruppenverhalten. Das hat mit Intelligenz nichts zu tun, das gehört zu den ganz alten Beziehungsriten des Menschen.

Nun machst du eine Sitzung. Die Sitzungsgruppe ist geschlossen, hat sich per Türe von den anderen Gruppen der Firma abgeschlossen. Nun kommt einer nach und muss sich dieser Gruppe anschließen. Keiner wird hier ohne Gefühle auflaufen.

Normalerweise ist ein Gruppenwechsel immer eine Gefahr für den Menschen. Er läuft also Gefahr, hier ausgegrenzt zu werden, was die geschlossene Türe ja schon signalisiert.

Und wenn du in der Hierarchie über ihm stehst, wird es für ihn noch schwieriger. Dann muss er damit rechnen, von dir angegangen zu werden. Wenn nicht, dann unterbrich einfach und schweige, bis er sitzt und einen verlegenen Kommentar abgegeben hat. Meist soll er wohl lustig sein. Der Witz geht dann oft auch daneben, vor allem, wenn er ein schlechtes Gewissen hat.

Vielleicht hat er auch einen guten Grund, wie ein Kunde oder der Chef. Den wird er dann auch sofort mitteilen. Dann ist ja nichts passiert. Und dann mach weiter, ohne eine Bemerkung. Du wirst sehen, niemand in deiner Firma möchte eine Gruppe nachträglich betreten. Alle werden sich eher am Riemen reißen, als wenn nichts passiert. Wenn du natürlich selbst erst die akademische Viertelstunde benötigst, dann funktioniert das logischerweise nicht. Dann musst du aufpassen, dass nicht der Chef sich genervt fühlt.

Finde deinen Stil und zieh ihn durch

So, die Türe ist zu. Und nun beginnst du. Fasse kurz zusammen, was die Sitzung erreichen soll. Aber wirklich kurz. Wenn neue Leute in der Sitzung sind, stell die Einzelnen vor. Aber auch hier, keine Begrüßungsorgien. Die Zeit ist knapp.

Du musst Kompetenz ausstrahlen. Je souveräner du auftrittst, umso leichter kannst du deine Kollegen führen. Du strahlst Kompetenz aus, indem die anderen merken, dass du Herr der Lage bist. Du leitest die Sitzung, nicht andere. Wenn du dir die Sitzung von anderen aus der Hand nehmen lässt, musst du dich nicht wundern, dass diese anders verläuft, als du dir das vorgestellt hast.

Und wie strahlt man Kompetenz aus? Indem die anderen merken, dass du die Sitzung leitest. Wenn der Start schon schlecht ist, und das kann jedem passieren, dann wirst du Mühe haben, deine Lämmer dorthin zu führen, wohin du willst. Und das spüren auch die anderen und wollen dann lieber Schäfer sein als Lamm.

Natürlich ist das auch ein Thema der Persönlichkeit und der Aura. Wenn du dich in deiner Firma umsiehst, so gibt es einige Leute, die haben diese Aura. Alle laufen ihnen nach, ohne dass diese unbedingt die hierarchische Macht haben. Das sind aber nur wenige. Die meisten müssen sich halt eine Art von Aura erarbeiten. Und das ist nicht leicht.

Sei dir gegenüber kritisch. Bist du einer, der andere abholen kann? Wenn ja, Glück gehabt. Wenn nein, und das gilt für die meisten, dann versuch nicht, andere zu kopieren. Das geht schief. Sei dir selbst gegenüber ehrlich und entwickle deinen eigenen Stil. Wenn du kein begnadeter Projektleiter bist, dann schau, dass du auf die Sachebene kommst oder im Projekt Menschen einspannen kannst, die dich ergänzen. Dann musst du nicht immer der Vorturner sein.

Wenn du den Projektleiter nicht vermeiden kannst oder willst, dann musst du deinen Stil finden. Aber bitte nicht den Henker spielen. Ich hab mehrfach Projektleiter erlebt, die sich mangels Selbstvertrauen auf die Knüppeltour verlegt haben. Unfreundlich, unfair, verlogen. Diese Eigenschaften verleihen dir einen ganz eigenen Charme. Alle werden dich in Erinnerung behalten. Zwar ist dieses Buch eine Anleitung dafür, wie man sich durchschlägt, aber schon der erste Begriff hat nichts damit zu tun. Man kann freundlich sein und in der Sache fest. Das ist kein Ausschluss. Es ist eher eine Art Armutszeugnis, wenn ich alle anderen attackiere und nichts gut ist. Widerliche Leute sind ätzend. Ich als Berater habe es da leicht, ich gehe ja wieder, und einige Tage kann ich das aushalten. Aber ich habe auch schon Nachfolgeprojekte bei solchen Typen abgelehnt.

Zum Glück findet man diese Menschen eher in Abteilungen, wo man als Chef den «Sauhund» raushängen kann. Als Projektleiter ist man ja stets auf andere angewiesen. Solche Leute auflaufen zu lassen ist ganz einfach. Deshalb sind beliebte Projektleiter immer besser und erfolgreicher als unbeliebte. Auch wenn sie fachlich schlechter sind. Der Grund ist simpel. Auch wenn man nicht der große Kommunikator ist, kann man mit Freundlichkeit sehr weit kommen. Man wird über deine Schwächen in der Kommunikation eher hinwegsehen, wenn man weiß, dass du auch mal für einen anderen etwas tust.

Dazu ein kleines Experiment. Gehe am Morgen bewusst auf jemanden zu und sei einfach nur nett. Lächle freundlich, sprich eine Bagatelle an, aber bewusst freundlich. Du wirst staunen, wie schnell sich die Mienen deiner Gegenüber aufhellen. Der Mensch nimmt mehr unterschwellig wahr als bewusst. Und Freundlichkeit steckt an. Man kann sich sogar selbst so motivieren und sich in positive Gedanken bringen. Auch vor dem Spiegel.

Und wenn du die Sitzung freundlich beginnst, auch wenn du nicht der begnadete Vorturner bist, wirst du erleben, dass dann vieles besser läuft. Freundlich heißt nicht gleichzeitig inkonsequent in der Verfolgung der Sache. Man kann freundlich sein und klar in der Sache. Sitzungen, die gefürchtet werden, sind schlimmer als 12-Stunden-Arbeitstage. Alle zeigen schon öde Gesichter, bevor irgendetwas gesagt ist.

Du wirst gebraucht

Nach der Eröffnung hast du schon den ersten Punkt hinter dir. Erzähl mir nicht, dass du das vergessen hast. Schreib dir den Ablauf der Sitzung einfach auf. Am besten in das schlaue Buch, das ich dir empfohlen habe. Begrüßung, Eröffnung. Und zwar jedes Mal. Nach einigen Sitzungen geht das schon fast von ganz allein.

Zur guten Stimmung tragen auch Kaffee und Gebäck bei. Bei manchen Firmen ist das kein Problem, bei anderen ein mehrseitiges Antragsformular mit Rückschein. Wenn deine Firma dies zulässt, nutze es. Wenn alle wissen, dass es bei dir Gratiskaffee gibt, werden sie auch gerne kommen. Vor allem die, die du gar nicht dabeihaben möchtest. Und im schlimmsten Fall gib einfach 10 Euro aus deinem Projektbudget für Kaffee aus. Das ist gut angelegtes Geld. Im allerschlimmsten Fall spendiere allen Kaffee von deinem Kaffeeschlüssel. Du hast schon größere Summen verschwendet.

Damit kannst du auch andere unter Druck setzen. Du hast etwas ausgegeben, dein Widersacher hat deinen gespendeten Kaffee genossen, und nun mauert er. Pfui. Die Gruppe weiß nun, wes Geist dein Kollege ist. 50 Cent für eine moralische Niederlage deines Feindes. Billiger kriegst du keinen Sieg.

Genauso ist es mit kleinen Gefälligkeiten für andere. Etwas für andere zu tun, das nicht getan werden muss, hat denselben Effekt. Natürlich wird dein Gegenüber deine Dienstleistung gerne annehmen, jedoch bei der Einforderung einer Gegenleistung von dir wird sich mancher nicht mehr gerne erinnern. In aller Regel jedoch sind die Menschen nicht so schlecht. 80 % kriegen das schon noch auf die Reihe, dass du ihnen mal geholfen hast.

Wissen ist Macht

Und hier schlägt übrigens die Stunde der weniger begnadeten Kommunikatoren. Viele Projektleiter oder -mitarbeiter sind eben nicht so gute Redner und Vortänzer. Dafür haben sie häufig aber ein ganz spezielles Wissen im technischen Bereich oder woanders.

Du kannst vielleicht Autos reparieren oder Waschmaschinen. Du hilfst deinem Kollegen bei einem Computerproblem, warum soll er dich dann in der Sitzung an die Wand drücken? Damit du nächstes Mal keine Zeit hast, wenn er ein Problem hat? Da wird er ganz egoistisch an sich denken und dir in der Sitzung im Zweifelsfalle nicht am Zeug flicken bzw. dich sogar noch unterstützen. Ich habe oft erlebt, dass Projektleiter, die sonst Mühe hatten, in der Gruppe eine breite Unterstützung erfahren, weil man sie entweder als Mensch schätzt oder aufgrund ihres Fachwissens – oder sogar wegen beidem.

Man schätzt das Wissen, weil man ja auch profitiert, wenn's eng wird. Und fachlich sind viele deiner Kollegen nicht die Helden. Schau dich mal um. Ich behaupte, dass 80 % aller Projektmitarbeiter, die ich in den verschiedenen Branchen kennengelernt habe, Mühe haben, die erwartete Qualität der Arbeit zu liefern. Du ausgenommen. Die anderen sind dann auf solche wie dich vielleicht angewiesen und werden nicht ihren technischen Guru im Projekt opfern. So blöd sind die nicht. Und wenn doch, dann lasse sie demnächst spüren, was du von ihrem Verhalten hältst. Dann geht's halt das nächste Mal etwas langsamer oder gar nicht. Wenn du deine Pappenheimer richtig anpackst, kannst du deine Kommunikationsschwäche so prima kompensieren. Ich hoffe, du merkst, worauf ich hinauswill:

Du als Projektleiter musst die Sitzung sauber über die Bühne kriegen. Niemand anders. Die anderen weiden sich höchstens an deinem Gestammel, wenn du unsicher bist.

Und begnadete Zerstörer hauen dann rein. Dann sehe ich schon deinen Frust, wenn du feststellen musst, dass dir einer oder sogar die ganze Gruppe dein Projekt tötet. Aus welchen Gründen auch immer. Den Schaden hast du. Und das darf einfach nicht passieren (noch mehr dazu im nächsten Kapitel).

Wenn die Sitzung läuft, hast du schon das nächste Problem: die Zeit. Du hast 15 Minuten für ein Thema angesetzt, und es wird hitzig debattiert, weil man sich nicht einig ist. Was tun? Die Agenda retten, Beschluss herbeiführen und auf zum nächsten Thema? Oder zwei Stunden Diskussion um lächerliche Klein- und Randthemen akzeptieren?

Die Frage allgemein zu beantworten ist hier nicht möglich. Grundsätzlich tendiere dazu, ausufernde Diskussionen zu stoppen.

Denn meistens sind es nur zwei Leute, die da aneinandergeraten oder betroffen sind. Die anderen sitzen solange herum und vertilgen die Schokoladenkekse.

Also musst du nun eine Entscheidung fällen. Wenn du auch Schokoladenkekse willst, muss jetzt eine Pause her. Es gibt nun die Möglichkeit, die Sitzung weiterzuführen oder das Thema in einer separaten Sitzung zu behandeln. Dazu kann es auch reichen, dass sich die Protagonisten separat treffen und dann das Ergebnis das nächste Mal vorstellen. Es kann sich ja um technische Probleme handeln, ohne Emotionen. Warum nicht?

Manchmal brauchst du auch gar nicht dabei zu sein, weil es reicht, wenn die Abteilungen das klären. Dann ab damit ins Protokoll und zum nächsten Punkt. Sind die Diskussionen emotional, wird es gefährlicher. Über Kilogramm oder Millimeter zu diskutieren ist weniger riskant als über menschliche Probleme. Wenn es also um Emotionen geht, bist du gefragt.

Wenn sich zwei in die Wolle kriegen, musst du Schiedsrichter sein. Dann reicht häufig der Wink, man solle sachlich bleiben, und du nimmst die Diskussionsführung an dich. Das ist ganz wichtig. Nicht als Nebenstehender argumentieren, sondern als Sitzungsleiter: «Darf ich darauf hinweisen, dass ...» oder «Meine Herren (Damen sind es manchmal auch) ..., bitte» reicht oft schon. Aber bestimmt sein. Du leitest die Sitzung, und du bestimmst, inwieweit sich die beiden in die Wolle kriegen dürfen.

Wenn du die beiden trennst (manchmal sind es sogar zwei Lager, die einen auf der einen Längsseite, die anderen auf der anderen und du am Ende der Reihe als Puffer), musst du als Chef der Sitzung auftreten und darfst keine Unsicherheit zeigen, auch wenn du innerlich zitterst.

Nochmals: Du bestimmst in deiner Sitzung, was zulässig ist und was nicht. Also brich die Diskussion ab und verlege sie auf einen anderen Termin, um die beiden dort aufeinander loszulassen. Dort kann dann alles aufgearbeitet werden. Da in einer normalen Projektsitzung nicht immer alle in einem Thema involviert sind, solltest du unbedingt darauf achten, dass solche Schwierigkeiten nicht den Fortgang der Sitzung torpedieren. Außer du hast genau das vor.

Was ich damit meine? Nun, es gibt durchaus Situationen, wo

es besser ist, die beiden beharken sich gegenseitig als dich. Wenn ein Projekt politisch schwierig ist, ist der Projektleiter oft der Prellbock, an dem sich dann der Frust entlädt. Dann kann es durchaus sinnvoll sein, eine Sitzung so richtig schön eskalieren zu lassen, um den Dampf aus dem Topf zu nehmen. Dabei musst du nur darauf achten, dass sich die Lager nicht plötzlich verbünden und gemeinsam über dich herfallen, da du der Stellvertreter des eigentlichen Übels bist, also in der Regel der Vertreter der Geschäftsleitung. Du wirst dann stellvertretend gekreuzigt, die anderen haben sich Luft gemacht, und alle sind zufrieden. Dies wiederum kann man aushalten, je nach Nervenkostüm besser oder weniger gut.

Wenn du also erreichen willst, dass die Lager sich nicht mit dir beschäftigen, kann es durchaus sinnvoll sein, mit einem kleinen Hinweis diese aufeinander losgehen zu lassen. Dadurch lenkst du von deinen Schwierigkeiten ab und kannst dein Projekt ändern oder sogar scheitern lassen, indem dann im Protokoll der lapidare Satz auftaucht: «Aufgrund der erheblichen Meinungsverschiedenheiten der Abteilungen A und B ist keine Bereitschaft vorhanden, das Projekt in dieser Art und Weise zu unterstützen. Da beide Abteilungen nicht bereit sind, konstruktiv mitzuarbeiten, ist eine Fortführung des Projekts nicht möglich».

Peng! Das sitzt! Es wird keine 10 Minuten nach Verteilung des Protokolls dauern, bis bei dir das Telefon klingelt. Entweder ist der Chef dran oder einer der Abteilungsleiter. «So nicht!» heißt es dann. Und so weiter. Dann brauchst du starke Nerven, da sich natürlich niemand von dir den Schwarzen Peter zuschieben lassen will. Den hast du aber gerade elegant an die beiden Abteilungen gleich zweimal verteilt. Und die werden sich zu wehren versuchen. Je nach deinem Ansehen in der Firma wird es jetzt ganz eng für dich. Oder du hast dich für die nächsthöhere Aufgabe empfohlen.

Soziologie ist die Zoologie vom Menschen

Du merkst, es gibt keine Universallösung für solche Fälle. Da spielen sehr viele kleine Puzzleteile mit, die du oft nicht kennst, und wenn du sie kennst, nicht beeinflussen kannst.

Mach dir deshalb im Vorfeld Gedanken zu solchen Dingen und nicht erst spontan in der Sitzung. Da bist du selbst nicht unbeteiligt, also immer Partei, eventuell auch aufgewühlt durch falsche oder vielleicht auch korrekte Vorwürfe. Sobald du nicht mehr ruhig bist, bist du selbst Opfer. Denke daran.

Ich habe Leute kennengelernt, die haben hervorragend auf dieser Klaviatur gespielt. Da ein kleiner Stich, dort ein größerer, und schon war die Sitzung auf Betriebstemperatur. Damit dir das nicht passiert, spreche ich es hier an. Nimm diesen Leuten sofort den Wind aus den Segeln. Oft reicht schon der Hinweis: »Diese Bemerkung war jetzt überflüssig» oder so ähnlich. Je nach deinem Temperament und deinem Selbstverständnis.

Diese Intriganten haben ein sehr feines Gespür dafür, wann sie das Spiel betreiben können und wann nicht. Schau dir also deine Sitzungsteilnehmer genau an. Man kann eine ganze Reihe von Typen unterscheiden und für sich nutzbar machen. Die Gruppensoziologen unterscheiden dabei unterschiedlich viele Typen. Manche verwenden Tiereigenschaften, um diese zu kennzeichnen. Manche bleiben abstrakt. Immer aber werden ungefähr 10 Typen unterschieden. Schau dir auch an, zu welchem Typ du dich rechnest.

Frage aber lieber noch einige gute Freunde (aber wirklich gute), als was sie dich einschätzen. Du sollst nicht dein Wunschbild von dir definieren, sondern deiner wirklichen Art am nächsten kommen. Die Reinform gibt es ohnehin nur sehr selten. Also hier sind sie (ungeordnet):

Die Bulldogge: Dieser Typus zeichnet sich dadurch aus, dass Äußerungen immer sehr ruppig kommen. Oft hat man das Gefühl, dass die Dogge gleich über den Tisch kommt. Dabei ist sie in ihrem Innersten aber meist gar nicht so schlecht. Sie kann es nur nicht rüberbringen.

Das fleißige Rehlein: Meist sind dies Frauen, die sich im entscheidenden Moment opfern, wenn sich niemand bereit erklären will, und dann die ungeliebte Aufgabe übernehmen. Sie melden sich selten, arbeiten aber ihre Themen gewissenhaft ab. Davon brauchst du ganz viele.

Das Opfer: Jede Gruppe hat einen, auf dem sie rumprügelt. Hoffentlich nicht auf dir als Projektleiter. Dabei sind diese Opfer durchaus bereit, diese Rolle anzunehmen. Sie haben stets den Spott der anderen auszuhalten und werden für alles verantwortlich gemacht. Das hat nichts mit Intelligenz zu tun, ganz im Gegenteil. Oft sind es durchaus intelligente Personen, signalisieren jedoch in ihrem Verhalten für andere sofort die Opferrolle.

Der Clown: Jede Gruppe hat und braucht ihren Spaßmacher. Stets ein blöder Spruch auf den Lippen, meist männlich, kann er im entscheidenden Moment an der unpassendsten Stelle einen Kommentar loslassen, der alles entspannt. Er erhält und verschickt ständig Spaßfilme oder Bilder im Internet. Wirkt selten ernst und ist nicht zwingend der Hauptarbeiter in deinem Projekt. Aber immer für gute Laune verantwortlich.

Der schlaue Fuchs: Diese Leute sind stets informiert. Wissen jedes Projekt und jeden Vorfall für sich zu nutzen. Streuen und selektieren Informationen ganz gezielt, je nach Bedarf und Notwendigkeit. Sie kommen aus jeder Situation wieder heraus. Sie sind für dich äußerst gefährlich, wenn sie dir übel wollen. Da sie sich in der Regel stets bedeckt halten, kannst du dich nur mit ihnen verbünden oder sie aufgrund deiner Macht bekämpfen. Aber sei stets auf der Hut.

Der Vorlaute: Hat immer sofort eine Lösung, noch bevor das Problem formuliert ist. Immer als Erster mit der Meldung, nachdem eine Frage gestellt wurde. In jeder Sitzung absolut kompetent, obwohl keine Ahnung. Immer männlich.

Die Integrative: Fast immer weiblich. Oft vermischt mit dem fleißigen Rehlein. Als typische Fraueneigenschaft (zumindest wird ihnen das zugeschrieben) auch fast immer nur dort anzutreffen. Wenn's nicht weitergeht, bereit, einen Vorschlag zu machen, damit das Projekt nicht scheitert.

Dieser Vorschlag heißt dann oft, dass sie eine Arbeit vorschlägt und gleich selbst übernimmt, um das gemeinsame Ziel doch noch zu erreichen oder das Projekt und den Frieden zu retten. Hat eigentlich keine Feinde, aber auch meist keine Hausmacht, um sich durchzusetzen.

Der Intrigant und Schönschwätzer: Weitläufig verwandt mit dem schlauen Fuchs. Im Gegensatz zum Fuchs jedoch nur zerstörerisch. Sucht stets nur den eigenen Vorteil. Wertet andere ab, schiebt schon mal eine vertrauliche Info ein. Versucht ständig Informationen über Fehler von anderen zu erhalten, um diese dann bei Gelegenheit beim Chef wieder loszuwerden.

Typischer Vertreter der «Wasser predigen, Wein trinken»-Fraktion. Absolut gefährlich, da nie das Projekt, sondern nur sein Vorteil im Mittelpunkt seines Denkens steht. Ganz selten mal ehrlich.

Fast immer männlich. Leider ganz arg verbreitet in Verbänden, Politik und Behörden. Hat aber nichts mit Frauenintrigen in der Firma zu tun. Diese hat andere Ursachen.

Der Techi: Vielleicht auch du? Stets an der Sache interessiert und auf die technische Seite fixiert. Meist eher introvertiert, aber kompetent in der Sache. Fleißig und zuverlässig. Hat fast immer ein Karriereproblem, da Karriere vor allem heißt, sich mit Menschen rumzuschlagen. Ein technischer Abteilungsleiter macht im Schnitt nur noch 5 % technische Facharbeit, aber über 70 % Kommunikation und Personalführung. Also diametral das Gegenteil, wofür er meist befördert wurde, nämlich seine fachliche Qualifikation. Viele davon sind dann überfordert und deshalb frustriert und unglücklich. Die Techis sind in den Sitzungen meist diejenigen, die auch vorbereitet sind und ihre Aufgaben erfüllt haben. Sie werden dir, zumindest mental, nicht gefährlich. Nur fachlich.

Nochmals: Die Reinformen sind absolut selten, Mischformen die Norm. Sei also nicht zu schnell in der Kategorisierung deiner Kollegen/innen. Wer in deiner Sitzung mal so oder so agiert hat, muss es nicht zwingend auch in der anderen Sitzung so tun.

Deshalb nicht gleich zuschlagen, sondern beobachten, bevor du dein Urteil fällst. Übrigens auch ein ganz tolles Spiel, wenn die Sitzung langweilig ist, weil vielleicht deine Themen nicht angesagt sind und du nur an der Sitzung teilnimmst.

Apropos Sitzungsteilnahme. Im folgenden Abschnitt noch einige Tipps für die Sitzung und wie man sie beeinflussen kann. Ich möchte hier aber betonen, dass ich nicht dazu auffordere, die Sitzung zu torpedieren oder sie eskalieren zu lassen. Sondern ich zeige nur auf, wie es deine Kollegen machen. Damit du die Mechanismen erkennen und dich davor schützen kannst.

Killerphrasen und Killertechniken – Einblicke in die Abgründe des Menschen

Alle Sätze, die eigentlich nicht dazu dienen, etwas voranzubringen, kann man zu Killerphrasen zusammenfassen. Diese dienen dazu, etwas zu töten, sei es nur ein Thema oder sogar ein ganzes Projekt. Killerphrasen im engeren Sinn sind aufgrund ihres Tenors nicht angreifbar, sie sollen ja mit einer Aussage alles abtöten und keine Diskussion zulassen.

In den nachfolgenden Punkten habe ich zusammengetragen, was ich in den Jahren erlebt habe. Du sollst das natürlich nicht anwenden, sondern nur verinnerlichen, damit du damit umgehen kannst.

1. **Protokolle brauchen wir nicht, wir sind doch alles erfahrene Projektbeteiligte. Das ist etwas für Anfänger.**
   Damit kannst du gezielt verhindern, dass in diesem Projekt mit Protokollen gearbeitet wird. Wer nicht protokolliert, kann später auch nichts nachweisen. Du erinnerst dich an meine Aussagen oben? Gut. Somit ist klar, Protokolle sind etwas für Anfänger. Wer will da noch gegen deinen Charme ankämpfen. Jeder will doch erfahren sein. Das musst du aber gleich ganz am Anfang durchsetzen, indem du die abwertest, die das wollen. Dafür jedoch arbeitest du mit dem nächsten Punkt

2. **Alles in internen Memos festhalten, die aber ausschließlich bei dir bleiben.**
   Selbstverständlich wirst du Protokolle schreiben, als interne Memos (sehr häufig als sogenannte Vermerke in Behörden zu finden), in denen du die Fehler der anderen festhältst. Für Intriganten die erste Wahl. So kann später nachgewiesen werden, das etwas so oder so war, weil man sich ja damals schon gewundert

hatte, und so weiter. Ganz übler, aber sehr erfolgreicher Trick, anderen ans Schienbein zu treten.

3. **Gezielte Desinformation hilft stets.**

Wer sagt schon die Wahrheit? Im Krieg stirbt die Wahrheit zuerst. Und Projekte sind wie Krieg. Beispiel gefällig? Hier ist es: Du machst eine Sitzung. Das Thema ist kritisch, die Stimmung nicht zum Besten. Dann kommt die kritische Abteilung. Zuerst läuft der Abteilungsleiter ein, bewaffnet mit den Waffen seiner Wahl: den Ordnern. Vielleicht hat sie auch der persönliche Adjutant zu schleppen. Rechts und links von ihm die Heerführer. Betont aufrechte Haltung. Größer scheinen, als man ist. Oberkörper leicht nach vorne, Schultern breit und scharfer Blick vom Feldherrnhügel über die Gegner. Sitzungsbeginn.

Und die Schlacht kann losgehen. Sofort die erste Attacke, vielleicht noch getarnt durch eine sachliche Aussage. Das ist entwicklungspsychologisch nichts anderes als eine ritualisierte Kriegshandlung. Da muss keiner nachdenken, wie das geht. Dies hat sich in den letzten Jahrmillionen so entwickelt, damit verhindert wird, dass die Menschheit ausstirbt, indem sich die Gruppen selbst zerfleischen.

Und die Firma würde ebenfalls zugrunde gehen, wenn nicht ritualisierte Kriege auf Sachebene geführt würden und damit Dampf aus dem System genommen würde. Wenn sich also in die Projektsitzungen die Abteilungs- oder Bereichsleiter so einmischen, dann weißt du, dass das Thema für sie a: wichtig und b: kritisch ist. Dann sei auf der Hut und überlege dir, was dahintersteckt – meist die gefährdete Karriere. Also musst du unter Umständen gezielt falsche Informationen verbreiten.

Wenn du diesen Gegner in Sicherheit wiegst, weil du ihm falsche Signale gibst, dann aber in der Sitzung knallhart Entschlüsse herbeiführst, hast du genau erkannt, wie es geht.

Gezielte Desinformation erlebt man selbst häufig von oben nach unten. Ein Umstrukturierungsprojekt wird als Innovationsprojekt verkauft. Wenn man in Deutschland Leute loswerden will, kann man dies nur betriebsbedingt tun. Also wird eine Schwäche der Firma dazu genutzt, Leute zu kündigen, die man schon lange loswerden will. Niemand aber sagt dies, sondern es werden gezielt Desinformationen gestreut. Die eigentlichen Ziele werden nicht genannt.

Deshalb ist die Desinformation ein starkes Element des Projektkriegs. Wer sich ehrlich verhält, wird es nicht immer leicht haben. Also wird er in seinem Alltagskrieg zu Fehlinformationen greifen, um sich zu schützen. Gezielt eingesetzt, ist die Desinformation ein starkes Mittel des Krieges. Nicht nur zwischen Völkern!

4. Betone körperliche Mängel deiner Gegner

Ganz übel, aber absolut wirkungsvoll. «Der Kleine» oder «der Dicke» oder «die Dürre» usw. sind widerlich abwertend, aber ein Volltreffer. Da ändert auch ein Diskriminierungsverbot nichts.

Ich habe Leute kennengelernt, die durch so eine Aussage sofort auf 180 zu bringen waren oder völlig verstummt sind. Da sie nichts dafür können, solche Mängel zu haben (Augen, Ohren, Sprachfehler, krummes Bein usw.), gibt es auch keine Möglichkeit, daran etwas zu ändern. Und meist leiden diese Menschen ja ohnehin darunter. Also reagieren sie emotional, wenn sie darauf angesprochen werden.

Derjenige der eine solche Aussage trifft, macht sich sicher nicht beliebt. Aber der/die so Angegriffene wird ein ganzes Stück kleiner gemacht. Da hilft dann nur die Solidarität der Gruppe und die Aussage des Projektleiters, dass sich die Person hiermit disqualifiziert und im Projekt ausgespielt hat.

Da muss man sehr konsequent sein. Wenn du also solches nicht dulden willst, hol den Sprecher sofort runter, erwarte eine Entschuldigung vor allen Leuten. Dazu brauchst du aber auch das nötige Rückgrat. Wenn es der Chef ist, dann wird das sehr schwierig.

Da in großen Firmen die Political Correctness inzwischen in den Leitbildern steht, kann man hier zumindest auf dem Papier durchaus mit Verständnis rechnen. Nicht jedoch zwingend durch den Vorgesetzten und in der täglichen Wirklichkeit. Auch hier ist Papier oft sehr viel verständiger als der direkte Vorgesetzte. Denk also 2 Sekunden nach, bevor du hier Stellung nimmst.

5. **Bei Frauen hilft ein sexistischer Witz, aber bitte dezent**

Sehr verbreitet in den Männerrunden wird z.B. auf den Ledigenstatus der Angesprochenen verwiesen, dass sie dringend einen Mann braucht, der es ihr mal besorgt oder so ähnlich. Gelächter. Von einigen ehrlich, von einigen eher peinlich berührt – aber ganz selten widersprochen.

Oder wenn die Frau nicht hübsch ist, irgendeine Zote, und schon ist sie im Abseits. Inkompetent und nur als Hausfrau zu gebrauchen. Selbst Frauen reagieren auf solche Attacken seltsam gelähmt.

Ich habe nur einmal in zwanzig Jahren erlebt, wie eine Frau schlagfertig den Attentäter zurechtgewiesen hat. Völlig sachlich hat sie seine Aussage kommentiert und als das entlarvt, was sie ist: dummdreist und widerlich. Der Angesprochene war anschließend im Sessel fast nicht mehr zu sehen. Das hatte gewirkt.

Die meisten Frauen reagieren aber verstört und schweigsam. Sie trauen sich dann nicht mehr, eine abweichende oder andere Meinung zu vertreten, und schweigen. Da sie in den meisten Projekten eine Minderheit sind, neigen Frauen ohnehin dazu, sich zurückzuhalten.

Die Dominanz der Männer ist für viele Frauen der Punkt, sich zurückzunehmen. Nicht umsonst sind in reinen Mädchenklassen in den Schulen das Interesse und die Ergebnisse in Mathe, Physik und Chemie deutlich besser als in gemischten Klassen.

Und wenn dann solche Äußerungen von Männern kommen, ist es mit dem Selbstvertrauen der Frauen oft dahin. Dabei sind sie meist sehr kompetent und oft sogar kompetenter als ihr männlicher Gegenspieler. Sie arbeiten in der Regel mehr und weniger auf äußeren Erfolg bedacht. Es genügt ihnen häufig, die Sachaufgabe gut gelöst zu haben. Ihre Karrierewünsche sind meist schwächer, und deshalb können sie sich leichter auf die Aufgabe konzentrieren. Mach sie also zu deinen Verbündeten. Außerdem macht es Spaß, mit Menschen zu arbeiten, die an der Sache interessiert sind und nicht nur an ihrer Karriere.

6. Wenn einer zu motiviert ist, hilft ein kleiner Hinweis

Dies ist fast identisch dem obigen Beispiel, nur universeller. «Der Herr X ist aber ein ganz fleißiger» oder «Na mal hören, was Herr Y dazu meint» mit dem entsprechenden Tonfall sorgt sofort für eine Abwertung des Angesprochenen. Dabei lehnt sich der Sprecher gönnerhaft mit der entsprechenden Geste nach hinten. Der Angeredete ist als bedeutungslos gekennzeichnet, der Angreifer hat ihm mental mitgeteilt, dass seine Meinung nicht wichtig ist. Peng, das sitzt und ist ein beliebtes Spiel der Höhergestellten gegenüber Mitarbeitern der Firma, die er nicht mag oder für inkompetent hält. Oder die er fürchtet.

Häufig auch eingesetzt gegen Personen, die dem Angreifer gefährlich werden können, nicht nur der Karriere wegen. Ist auch stets eine männliche Taktik, ich habe diese Art von Sätzen nie von einer Frau gehört.

Dieses indirekte Ansprechen der Inkompetenz sorgt dafür, dass die Gegenseite diskreditiert wird. Das ist im Projekt vor allem eine beliebte Art, sich durchzusetzen, ohne direkt werden zu müssen. Im Zweifelsfall redet sich der Angreifer dann damit heraus, dass das ja spaßig gemeint war und bei dem Mimöschen nur falsch angekommen ist.

Als Projektleiter kann man das nur unterbinden, wenn man eine klare Linie fährt und diese Art von Attacken sofort zurückweist. Das muss man auch gleich am Anfang machen. Wenn es schon mehrfach vorgekommen ist, ist der Aufwand, es wieder abzustellen, sehr groß. Ganz abgesehen davon, dass die Attackierten bereits den Mund halten oder sich aus dem Projekt zurückgezogen haben. Der Effekt ist, dass dann Ideen und bessere Lösungen nicht ins Projekt kommen.

7. Beruf dich auf Höheres wie die Firmenkultur, Geschäftsleitung, die Erfahrung und das Alter

Wenn man sich durchsetzen will, ist eine göttliche Figur stets hilfreich. Sich auf eine höhere Instanz zu berufen ist dem Menschen innewohnend. Als Herdentier ist es der Mensch gewohnt, höhere Mächte über sich zu haben und sich zu fügen. Also wird eine höhere Macht ins Spiel gebracht, um seine Vorstellungen durchzusetzen. Selbstverständlich kommst du um die Geschäftsleitung nicht herum, da diese letztendlich entscheidet.

Also wirst du solch höhere Mächte aushalten müssen. Wenn du das nicht kannst, dann mach dich selbständig. Dann hast du nur noch zwei höhere Mächte über dir: den Kunden und die Bürokratie wie Finanzamt, Innungen usw. Das reicht dann auch schon.

Wenn du Hilfe brauchst, die im Moment innerhalb der Runde nicht verfügbar ist, berufe dich auf diese höheren Mächte. Mit 50 Jahren wird jedermann dein Alter akzeptieren und dir eine gewisse Erfahrung zuschreiben.

Somit ist die Firmenkultur auf deiner Seite, wenn du erwähnst, dass «wir das nicht können» und in der Firma «das nicht üblich ist». Wer will da widersprechen. Wenn die Firma das noch nie so gemacht hat, dann müssen wir das halt auch so wie immer machen.

Das Beharren ist in den Firmen manchmal so ausgeprägt, dass erst ein Fastkonkurs hier eine Bewegung auslöst. Die Bremser schaffen es mit dieser Haltung, alle Innovationen zu verhindern. Also sei auf der Hut, wenn deine Kollegen so kommen. Selbst kannst du damit viel Widerstand verhindern oder blocken. Götter sind für den Menschen ganz weit oben.

Was also hindert dich daran, dich selbst zum Guru zu ernennen und die Projekte gemäß deiner Karriereplanung zu steuern.

8. Stets hilfsbereit, aber nur da, wo es einem selbst hilft

Ein beliebtes Mittel, um Einfluss zu nehmen, ist die Hilfsbereitschaft. Wer mag die Samariter nicht? Wenn es dir also gelingt, dort deine uneigennützige Hilfe anzubieten, wo es dir nicht wehtut, aber deinen Zielen und deiner Karriere dient, dann ist das für dich prima gelaufen.

Das Vorgehen ist ganz einfach. An einer Stelle, wo du sicher bist und selbst kaum Aufwand hast, bringst du dich ein und bietest deine Hilfe an. Alle sind mit dir zufrieden, und du kannst dich im Glanz deiner Hilfsbereitschaft sonnen. Wenn es dann aber später in der Sitzung ans Arbeiten geht, wirst du auf deine

Samariterdienste an anderer Stelle verweisen. Dort hast du ja soeben uneigennützig gehandelt.

Du verweist also darauf, dass nun aber andere dran sind, die das selbstverständlich ebenso gut können wie du. Dann bist du fein raus. Wenig Aufwand für viel Sozialprestige. Vergiss auch nicht, deine uneigennützige Hilfe an geeigneter Stelle zu erwähnen. Aber bitte nicht plump als Eigenlob.

Sprich die Dinge an und lenke das Gespräch so, dass dein Kollege deine Samariterhaftigkeit erwähnt. Volltreffer. Einfacher und besser geht es nicht. Das Motto muss lauten: Tue Gutes (für dich) und lass andere darüber reden (über deine Hilfsbereitschaft). Damit kann man Punkte sammeln.

9. Für jedes Problem einen Arbeitskreis

Wenn du ein Projekt verhindern oder verschleppen willst, kannst du dies meist nur mit sehr großem Aufwand erreichen, wenn es nicht auffallen soll. Ein beliebtes und sehr effizientes Mittel dazu sind Arbeitskreise. Jedes Problem wird in einem extra dafür einberufenen Arbeitskreis zuerst grundsätzlich diskutiert. Ich habe Firmen kennengelernt, die hatten nur noch Arbeitskreise, die dann meist auch nur um sich selbst gekreist sind. Damit verschleppen sich die Projekte bis ins Unendliche.

Dieses Vorgehen lässt sich meist nur in größeren und längeren Projekten erfolgreich einsetzen. In kleinen Projekten wirkt ein Arbeitskreis eher lächerlich. Also musst du dir genau überlegen, wie du das Projekt am besten verschleppen kannst. Wenn es dir gelingt, möglichst viele Arbeitskreise zu initiieren, dann hast du es geschafft. Durch die vielen Arbeitskreise verlängert sich das Projekt enorm.

Speziell für Organisationsprojekte eignen sich Arbeitskreise hervorragend. Dadurch kommt es dann zu Terminproblemen, die dir dann in die Hände spielen können. Oder auch Probleme machen?

Also achte darauf, was du erreichen willst und was dann die Folge deines Handelns ist. Sonst geht der Schuss nach hinten los, und du hast das Problem am Hals, nicht die anderen.

10. Je größer die Sitzung, desto besser

Das ist der absolute Treffer. Nichts baut so toll auf wie eine Sitzung mit 20 Leuten. Da wird nichts getan und nichts entschieden. Geschickt geführt, zerfleischen sich die Abteilungen und Kontrahenten. Wenn jeder zwei Minuten redet, sind schon 40 Minuten rum, ohne dass gearbeitet wurde.

Hier kannst du deine Fähigkeiten als Sitzungsleiter voll ausspielen. Du fasst die Meinung von Abteilung A zusammen und konfrontierst damit Abteilung B, von der du weißt, dass sie was anderes will. Und schon geht's los. Solange die sich beharken, schlafen die anderen ein. Anschließend machst du eine Kleinigkeit zum absolut wichtigsten Punkt des Tages und bittest alle Anwesenden, sich dazu zu äußern.

Und schon ist wieder eine Stunde rum, ohne dass nennenswert etwas abgearbeitet wurde. Deine Agenda kannst du dann getrost vergessen und dann jammern, dass mal wieder nichts entschieden wurde. Insgeheim bist du natürlich mit dem Verlauf äußerst zufrieden.

So kann man viel Wind machen, ohne die Segel zu blähen. Das Schiff treibt nur im Kreis. Sitzungen, die größer als 7 Personen sind, sind eigentlich immer unproduktiv. Will man nur Ideen sammeln, kann man sie auch größer machen. Oder auch reine Informationssitzungen, die zur Verkündigung (auch als Bergpredigten verspottet) gedacht sind, können größer sein.

Willst du aber Entscheidungen und Lösungen, sollte die Gruppe nicht größer als 7 Personen sein.

Also nutze solche Elemente zu deinem Vorteil und zum Schaden der anderen. Natürlich geht es auch mit mehr Teilnehmern, aber die Wahrscheinlichkeit, dass es Probleme gibt, nimmt dann drastisch zu. Wenn eine Sitzung nun 15 Personen zählt, werden sich schon mal 5 Leute gar nicht melden, da sie Probleme mit solchen Gruppengrößen haben. Dafür gibt es dann 3–4 Teilnehmer, die die Bühne für ihren Werbeauftritt nutzen und ständig einen Beitrag leisten. Der Rest schwankt dann irgendwie dazwischen oder tut was anderes.

Ergo: Mach dir Gedanken, was du erreichen willst, und erst dann schreib die Sitzungseinladung an die richtigen Leute.

11. Verteile Etiketten und schiebe andere in ein Kästchen

Hundert Prozent gemein, aber ähnlich wirkungsvoll wie das Motivationsbeispiel oder das Frauenthema. Wer erfolgreich den Ruf eines Hektikers erworben hat, wird sofort von den anderen anders wahrgenommen. «Der ist schon senil» diskreditiert einen älteren Kollegen und bleibt bei den anderen im Hinterkopf.

Übrigens viel besser, als du denkst. Der Mensch kommuniziert viel mehr über Randbereiche der Wahrnehmung, als allgemein bekannt und wahrgenommen wird. Solche Andeutungen bleiben also sehr gut haften.

Das an verschiedenen Stellen platziert und noch mit Berufung auf eine höhere Instanz: «Das meinte neulich auch der Chef», und schon wird es für dich viel einfacher. Das ist zwar genauso übel wie die obigen Beispiele, aber durchaus üblich.

Also hüte dich vor Leuten, die so vorgehen. Diese werden auch mit dir so umspringen, wie sie es mit deinen Kollegen tun. Demagogen sind nicht nur in der Politik zu finden, sondern noch viel mehr in den Firmen. Wenn du selbst so angegriffen wirst, wehr dich sofort.

Leider werden solche Sätze meist aber nur formuliert, wenn du nicht dabei bist. Dann musst du auf deine Kollegen hoffen, dass sie dir das zutragen. Dann aber solltest du dem anderen klar und unmissverständlich mitteilen, was du davon hältst. Nämlich nichts! Und Außerdem ist es nur schlechter, aber sehr wirkungsvoller Stil.

12. An den Sportsgeist appellieren

Männer sind ganz einfach. Der Wettkampf mit anderen ist uns innewohnend, und es gibt Regeln, wie dieser Wettkampf zu führen ist. In allen Sportarten gibt es das Fair Play. Also auch in der Firma.

Wenn du also nicht weiterkommst, hilft hier der Appell an den Sportsgeist. Welcher Kollege will denn schon, zumindest offen, gegen diesen Ehrenkodex verstoßen. Niemand.

Der Appell «Wir wollen doch fair bleiben!» hilft bei denen, die noch an die Ehre glauben, sehr viel weiter. Dass du damit nichts am Hut hast, hilft dir. Die anderen halten sich dran, du nicht. Und schon hast du Oberwasser. Bis diese merken, dass du derjenige bist, der Foul spielt, ist das Projekt oder die Situation gelaufen. Dass du dich damit nicht beliebt machst ist klar, aber was soll's. In einem Jahr bist du in einer anderen Firma, und dort hast du wieder alle Zeit, dich unbeliebt zu machen. Dort bist du aber eine Hierarchiestufe höher. Und so weiter.

Wenn du Projektleiter bist, kannst du aber mit dieser Aussage sehr Positives erreichen und erstaunliche Gefühle bei deinen Sitzungsteilnehmern auslösen. Da, wie erwähnt, niemand gerne den Ruf eines Spielverderbers hat, habe ich schon mehrfach erlebt, dass nach einer solchen Bemerkung sich einige Teilnehmer deutlich zurück- und zusammengenommen haben. Die Sitzung verlief anschließend wesentlich konstruktiver und war dann erstaunlich sachlich. Eine Garantie gibt es dafür jedoch nicht. Es liegt vielmehr an dir, diese Aussage auch umzusetzen und Zuwiderhandlungen zu sanktionieren.

13. «Das ist viel zu detailliert» oder «zu grob»

Auch so eine Killerphrase. Der, der dies formuliert, mag tatsächlich ein Problem mit der Sachfrage haben. In aller Regel aber kann man so etwas fördern oder torpedieren. Also positiv oder negativ verwenden, je nach dem Ziel.

Selbstverständlich kann es helfen, wenn jemand die Diskussion wieder auf einen guten Weg bringt. Damit kann man aber auch jede Diskussion abwürgen. Man drückt die Diskussion in eine Detailecke. Und alle diskutieren den Glanz der Farbe, ohne zu wissen, dass noch gar keine drauf ist. Nach hitzigen Diskussionen wurden Bagatellen beschlossen oder geändert. Die wirklich wichtigen Dinge jedoch vernachlässigt.

Also lass dich als Projektleiter nicht auf dieses Spiel ein. Aber: Es kann auch positiv gemeint sein. Und die andere Richtung ist auch klar. Jemand macht mal wieder eine Sachdiskussion zu einer erneuten Grundsatzfrage. Damit lenkt er vom eigentlichen Thema ab, und schon geht eine Sitzung verloren und nichts ist beschlossen oder weitergebracht. Also sei wachsam.

14. Nicht zuletzt helfen reine Killerphrasen immer

Einiges des bereits Erwähnten steckt hier drin. Killerphrasen töten jede Diskussion und jedes Gespräch. Die Aussage: «Überlassen Sie das mal ruhig den Tieren mit den großen Köpfen.» Und dann kommen alle möglichen Tiere ab 100 kg Lebendgewicht. Diese Aussage ist nur destruktiv und tötet das Gespräch einfach ab. Du bist so blöde, soll das signalisieren.

Diese Phrasen sind deshalb so destruktiv, weil sie den Angegriffenen abwerten und das Gespräch von der Sachebene auf ein persönliches destruktives Niveau senken. Viele der oben schon erwähnten Sätze sind dieser Kategorie zuzuordnen. Sehr beliebt auch in großen Firmen, wenn der Chef klarmachen will, wer das Sagen hat.

Der Mitarbeiter wird als Trottel hingestellt, und jeder weiß, dass der Sprecher auch mit ihm so kommunizieren wird, wenn er sich gegen ihn stellt oder nicht so vorgeht, wie dieser sich das vorstellt.

Dazu zählen auch Aussagen, die jemanden als Streber hinstellen («gerade einen Kurs gemacht oder?») oder die fachliche Kompetenz in Frage stellen («dann kann man gleich auch noch xx einbauen»). Soll heißen, dieser Vorschlag ist so blöd, dass man darauf nicht eingehen muss. Und so weiter.

Diese Phrasen sind sehr beliebt und seltsamerweise entlarven sich viele Chefs mit solchen Bemerkungen. Das ist aber gar nicht seltsam. Viele sind nur mit solchen Mitteln nach oben gekommen.

Denn merke: Man wird nicht befördert aufgrund guter Leistung. Leute, die in großen Firmen nur aufgrund guter Leistung nach oben gekommen sind, habe ich eigentlich nie gefunden. Höchstens auf den ersten Stufen der Karriereleitern. Weiter oben war es immer etwas anderes.

Leistung ist also nur ein kleiner Teil der Miete. Wenn die Luft dünner wird, also mehrere Leute um einen Posten rangeln, setzt sich der durch, der den Entscheider davon überzeugen kann, für ihn der Nützlichste oder Ungefährlichste zu sein. Und das hat zunächst nichts mit Leistung zu tun. Business ist Krieg. Basta. Nochmals: Machiavelli lesen!

15. Alles per Unterschrift

Wenn man das Gefühl hat, über den Tisch gezogen zu werden, sind Unterschriften auf einer Vereinbarung das Beste. Wenn niemand dem anderen traut, kann man mit einer Unterschrift eine Haltung erzwingen.

Ich habe vor Jahren bei einem Kunden gearbeitet, bei dem alles mit Unterschrift geregelt war. Die Firmenangehörigen waren das so gewohnt. Auf meine verdutzte Nachfrage kam tatsächlich die Aussage, dass das aufgrund der geringen Worttreue so gemacht wird. Da sich irgendwie alle nicht an Abmachungen hielten, wurde alles im internen (!) Protokoll festgehalten und dann unterschrieben.

Dass Vertragsprotokolle zwischen Dritten förmlich abgesegnet und unterschrieben werden, ist normal. Dass interne Dokumente unterschrieben werden, ist eine Konflikthandlung.

Und genau das bezweckst du, wenn du Unterschriften haben willst. Der Konflikt ist da. Manchmal vielleicht sogar die einzige Möglichkeit, andere Abteilungen zu einer klaren Stellungnahme zu zwingen.

Wenn du das also vorschlägst, wirst du auch sehr schnell feststellen können, dass sofort ein Gegenangriff kommt. Diese Forderung von dir heißt ja nichts anderes, als dass du den Aussagen der Gegenseite nicht traust.

Aber manchmal hilft nur ein Unterschriftsverlangen, um wirkliche Entscheidungen, und vor allem Worttreue herbeiführen zu können. Ob diese dann wirklich so umgesetzt werden, steht dann auf einem anderen Blatt.

Mit Unterschrift ist auf jeden Fall starker Tobak. Überleg dir also auch die Konsequenzen dieses Vorgehens. Unterschrift zu verlangen heißt, Konflikte offenzulegen. Und ob du das willst, liegt an dir. Du musst dir also überlegen, welche Konsequenzen das hat.

16. Griffig machen mit deftigen Worten

Bist du ein Mann deutlicher Worte? Dann ist dies die geeignete Variante, in eine Diskussion einzugreifen. Jeder wichtige Satz deines Gegners wird mit einem kräftigen Kommentar versehen. Allgemeines Gelächter. Treffer für dich. Bring es auf den Punkt.

Anregungen dazu kannst du dir vom Stammtisch holen. Markige Worte reduzieren das Problem auf einen Satz. Damit ist dem Projekt zwar wenig geholfen. Aber du hast die Lacher auf deiner Seite.

Hierbei muss man trennen zwischen Teilnehmern, die einfach so sind. Also die oben erwähnten Clowns, die stets einen Witz beisteuern, und denen, die dies ganz gezielt machen, um etwas zu verhindern. Meist kann man es nicht positiv einsetzen.

Somit sei auf der Hut, dass dieser (natürlich mal wieder nur Männer) nicht die Sitzung kippt. Wer nach seinem ernstgemeinten Vorschlag einen dummen Kommentar erntet, wird sich ernsthaft überlegen, ob er nochmals einen Beitrag leistet.

Deshalb: Lass dir von deinem Kollegen nicht die Sitzung kippen. Wenn du schlagfertig bist, kannst du einen Zusatzkommentar direkt anbringen und damit den Angreifer selbst in die Ecke drängen.

Sei dir dabei aber bewusst, dass dieser sich dann vielleicht an dir schadlos hält und dich angreifen wird. Mach dir dabei die Machtverhältnisse klar. Kannst du dies kontern? Wenn ja, dann tu es, wenn nicht, dann versuch, die Sitzung auf eine sachliche Ebene zu bringen.

17. Kommuniziere nonverbal

Arme verschränken, nach vorne lehnen, Bleistift auf den Tisch werfen, Augenbrauen heben ... Das wichtigste Element schlechthin. Wie schon erwähnt sind 90 % aller kommunikativen Handlungen des Menschen nonverbal. Werden also durch alle anderen verstanden, ohne dass du was gesagt hast.

Dazu ein kleines Experiment. Wenn du in einem Vortrag oder einer Sitzung sitzt und merkst, dass dich der Redner ansieht, nicke einfach zustimmend. Egal ob du wirklich zustimmst. Was jetzt passiert: Er oder sie wird dich in den nächsten Minuten häufiger anblicken. Jedes Mal nickst du zustimmend. Bei ungeübten Rednern kann es dann passieren, dass er nur noch mit dir kommuniziert.

Jeder Mensch will Zustimmung. Mit dieser einfachen Geste gibst du ihm diese. Und da man Zustimmung lieber mag als Ablehnung (welch Wunder), wird man unweigerlich diese Zustimmung suchen und genießen. Man hat ja eine Botschaft. Außerdem kommt hinzu, dass dich der Redner positiv wahrnimmt.

Der Chef wird sich dann plötzlich an dich erinnern, da du ihm ja zustimmst, ihn also positiv bestärkst. Somit wird er dir gegenüber positive Erinnerungen haben, auch wenn er das gar nicht weiß. Dagegen kann niemand was machen. Als Herdentier ist das so. Basta.

Somit sind solche Gesten sehr stark und weit tiefer verwurzelt als die Sprache. Anders ausgedrückt: Gesten sind wesentlich älter als Worte. In der Evolution also viel länger verwandt worden und somit in älteren Gehirnregionen verankert als die Sprache. Deshalb können Fischschwärme und große Herden in Fluchtsituationen problemlos die Richtung wechseln, ohne sich zu berühren. Diese Elemente werden bereits im Stammhirn und dem verlängerten Rückenmark verarbeitet.

Ähnlich verhält sich ja der Mensch, wenn er in einer Menschenmenge geht. Kleine Änderungen der Richtung der anderen Fußgänger sorgen bei dir ebenfalls für eine Ausweichreaktion, ohne dass du darüber nachdenken musst. Und die Gesten sind deshalb absolut wirkungsvoll. Wenn einer etwas sagt, dich anblickt und du ziehst die Stirn in Falten und schüttelst leicht den Kopf, wird dies dazu führen, dass er sofort seine Aussage ergänzt, eventuell sogar unterbricht und dich konkret anspricht. Dabei hast du gar nichts gesagt. Und doch hast du alles gesagt.

Als Signal der Ablehnung sind die verschränkten Arme am besten bekannt. Dabei muss man nur aufpassen, ob es nur eine lockere Haltung ist oder eine Emotionsreaktion. Achte auch darauf, dass, wenn jemand angreift, er sich stets nach vorne oder ganz nach hinten beugen wird, um seine Überlegenheit zur Geltung zu bringen. Diese Geste des Nach-vorne-Beugens schützt ihn, da er ja anzugreifen gedenkt. Wenn er sich zurücklehnt, öffnet er den Brustkorb für körperliche Angriffe, er ist der Meinung, dir ohne Gefahr so entgegentreten zu können. Daran kannst du sehen, wie alt diese Gesten sind.

Also wird er sich meist nach vorne beugen, den Brustkorb schützen und dann das Wort ergreifen. Das wird er häufig auch, wenn er einen allgemeinen Beitrag macht, den er für wichtig hält.

Oder wenn es schon heftige Debatten gibt, kannst du demonstrativ den Kugelschreiber lässig oder mit Wucht auf den Tisch werfen, je nach Aussagewunsch. Das kommt immer an und ist die klare Aussage, dass du das Ganze hinschmeißt und überhaupt nicht einverstanden bist. Jeder Anwesende versteht das. Du bist sauer. Fertig!

Noch ein Beispiel: Jemand fängt an, eine Aussage zu treffen. In diesem Moment siehst du dein Gegenüber an und verziehst das Gesicht. Soll heißen: Schon wieder der, oder: «Au Backe, jetzt kommt wieder ein Vortrag von ...» Wenn das mehrere sehen, ist allen klar, was du damit aussagen willst. Sieht er dabei dich an, wird er in den meisten Fällen sogar direkt auf dich eingehen. Sauer oder sich verteidigend. Ganz abhängig davon, welches Verhältnis du zu ihm hast. Deine nonverbale Aussage sitzt. Und du hast überhaupt nichts gesagt. Wirklich nicht? Eben.

Und wenn es eng wird, weichst du einfach aus, indem du das Ganze als Missverständnis hinstellst. Du wolltest doch nur deine Zustimmung ausdrücken und fühlst dich total unverstanden. Und flirten kann man mit den Augen auch ganz prima. Alle haben das Wohl der Firma im Auge und du nur deine Gegenüber. Macht deutlich mehr Spaß.

Geh einfach in die nächste Sitzung, in der du keine staatstragende Rolle spielst, und achte auf die nichtsprachliche Kommunikation. Insbesondere allen Ingenieuren und Technikern möchte ich das empfehlen. Man hat euch alles Mögliche an technischen Details beigebracht, aber das wirklich Wichtige ist die Kommunikation dessen, über das ihr technisch nachgedacht habt. Dabei lässt man euch dann allein. Die, die wissen, wie man Leute an die Wand spielt und mit Gesten argumentiert, attackieren euch, und ihr habt nicht gelernt, wie man das erkennt und kontert. Deshalb habe ich dieses Kapitel auch so ausführlich geschrieben, da die Schlachten in den Sitzungen stattfinden und in den E-Mails. Nicht auf der Sachebene, sondern auf der Gefühlsseite. Und die ist viel schwieriger als die technischen Probleme.

18. Lächle nach Buddha-Manier

Eine Variante obiger Punkte, jedoch sehr wichtig in allen Nuancen. Deshalb hier als eigener Punkt.

Wie weiter vorne schon erwähnt, sind Götter unangreifbar und geheimnisvoll. Also fängst du an, einfach zu lächeln. Dieses Buddhalächeln bewirkt, dass über dir der Glanz des Wissens steht. Alle deuten dies so: Der weiß mehr oder etwas ganz Spezielles. Dies vermittelt dann unmittelbar den Eindruck, dass du über der Sache stehst und etwas weißt, was die anderen nicht wissen. Aber was? Du weißt natürlich gar nichts. Aber trotzdem signalisierst du Unangreifbarkeit, weil du ja ein Geheimwissen hast. Ich habe das einige Male erlebt, dass jemand sich so ein Lächeln aufsetzte. Die Wirkung, auch bei mir, war stets verblüffte Irritation. Der weiß etwas, was wir nicht wissen. Nur was?

Mit diesem Lächeln kann man wunderbar angreifen, ohne dem anderen seine Absichten und seinen Kenntnisstand mitzuteilen. Vor allem kann man angreifen, ohne etwas in der Hand zu haben. Man muss nicht argumentieren und keine Details kennen. Damit ist man fast unangreifbar. Der andere ist verwirrt und irritiert.

Und auf Nachfrage kommt dann die Nichtaussage: Ach nichts, mir fiel da nur gerade was ein, nämlich dass du im Moment keine Ahnung hast. Aber das ist für dein Gegenüber nicht ersichtlich. Bluff oder wirkliches Wissen. Probleme hast du nur dann, wenn dich dein Chef dann stellt und Näheres wissen möchte.

Da dieses Lächeln ein Angriff ist, wird es auch so gewertet. Dann musst du dich rauswinden. Wenn jemand dich also angeht, bleib ruhig und überlege, was er wirklich weiß und wie er dir und deinem Projekt wirklich schaden kann. Das Problem dabei ist, da der Angreifer nichts sagt, kann dieses Lächeln alles heißen und nichts. Lässt demzufolge auch alle Schlüsse zu.

Und wer von uns hat keine Leiche im Keller, ist also unangreifbar? Also ruhig bleiben, und wenn du es selbst machst, sei dir darüber im Klaren, dass du eine Attacke gegen alle anderen reitest. Dich also nicht zwingend beliebt machst.

19. Reden über alles, entscheiden nichts. Das macht der Chef

Möchte ich eine Entscheidung verhindern, muss ich Zeit gewinnen. Also lass uns nochmals eine Sitzung machen oder ein Zweiergespräch zur Klärung von Sachfragen. Dann muss noch selbstverständlich die andere Abteilung ihren Sermon dazu geben und noch der eine Gruppenleiter und der Verkauf und das Marketing. Und dann muss das noch in die Zentrale.

Vor allem in großen Firmen habe ich erlebt, dass die Entscheidungswege so lang waren, dass sich viele Dinge entweder schon von selbst erledigt hatten oder das Projekt schon gescheitert war, bis es eine Entscheidung gab.

Reden und reden und meeten (Sitzung machen) und reden und so weiter. Du merkst, da kann auch System dahinterstecken. Wenn du also etwas nicht willst, dann zerrede es so lange, bis nichts mehr übrig ist.

Nimm die Politik als Vorbild. Da werden durch das Bürokratieabbaugesetz in Deutschland Gesetze so lange zerredet, bis am Ende noch 40 g Papier als zu streichende Gesetze übrig bleiben. In dieser Zeit wurden von den Bürokraten 64 kg neue Gesetze und Verordnungen erlassen. So macht man das.

Aber zurück zum Thema. Und wenn es eng wird, du also eine Entscheidung treffen sollst und das nicht willst, dann lass den Chef entscheiden.

Also heißt die Devise, das muss der Chef entscheiden, und dann vergisst du das und hast keinen Termin bekommen, und dann hat es gerade nicht gepasst und so weiter.

Ein halbes Jahr kriegst du so problemlos rum. Und genauso verhalten sich die Kollegen, die etwas verhindern wollen. Völker, höret die Signale. Sei also wachsam, wenn immer nochmals davon geredet wird, dass wir endlich was tun wollen und nicht nur reden.

20. Zeig deine Bedeutung stets und überall

Wer ist wirklich wichtig? Wer wichtig ist, erfährt man nicht zwingend aus der Visitenkarte. Das auch und oft. Aber als erster Eindruck genügen vor allem Insignien.

Eine schicke Agenda des bekanntesten Herstellers schafft schon mal Eindruck. Oder natürlich der Anzug oder der gefälschte Einnäher eines großen Herstellers, teure Schuhe usw. und natürlich der Titel auf einer Visitenkarte.

Beispiel gefällig? Ich war vor 20 Jahren, gerade erst befördert, in Jeans und ohne Insignien auf einer Messe. Ich war auf der Suche nach Hochleistungsdruckern für das Rechenzentrum. Es war Mittagszeit, am Stand eines großen Druckerherstellers war wenig los. Die Truppe am Tresen in lockere Gespräche vertieft. Häppchen essend.

Ein Blick zu mir genügte: Keine wichtige Person. Das nächste Häppchen. Ich ging auf die Großdrucker zu, machte sie auf, holte Prospekte dazu, keiner kam. Zum nächsten Drucker, gleiches Zeremoniell. Dann erbarmte sich doch einer der Verkäufer, schlenderte auf mich zu, begrüßte mich und kam rasch auf den wichtigsten Punkt: Haben Sie eine Visitenkarte?

«Klar, gebe ich Ihnen.» Ich war damals Verkaufs- und Marketingleiter, und das stand auch so auf meiner Karte. Nach einem raschen Blick auf die Weihen straffte sich sein Körper, er wurde lebendig und fing an, sein gesamtes Verkaufstraining anzuwenden. Auch seine Kollegen im Hintergrund rutschten von den Barhockern, und sein Chef kam näher.

Die Visitenkarte wanderte zu ihm, und auch bei ihm dieselbe Wandlung. Darf's noch etwas mehr sein, haben Sie Durst usw. Und das alles wegen dreier Worte auf einem Stück Karton.

Seither habe ich auf Messen, wenn ich etwas kaufen oder Geschäfte machen will, stets den Anzug an, und ganz wichtig: Ich trage deutlich erkennbar meine schwarze, A5 große Agenda eines bekannten Herstellers sichtbar vor mir her, wie bei einer Wallfahrt. Und siehe da: Es gibt keinen Verkäufer, der nicht die

Zeichen versteht und mich in die von mir gewünschte Kategorie einordnet.

Die Insignien der Macht helfen mir, diese zu kommunizieren, ohne dass ich es erwähnen muss. Natürlich steht dann auf der Visitenkarte auch Geschäftsführer, sodass der Beweis später dann auch erbracht werden kann, wichtig zu sein. Wir sind zwar nur eine kleine Firma, aber dies steht ja nicht auf der Karte. Und da die Schweizer traditionell eine AG sind, ist das für die deutschen Verkäufer stets der Trugschluss: große Firma.

Und je nach Bedarf kläre ich das rasch auf oder auch erst später. So einfach geht's. Deshalb für dich: Achte sehr darauf, was unter deinem Namen als Zusatz steht. «Projektleiter» klingt schon ganz gut. «Leiter Projekte International» schon besser. «Head of XXX» klingt nach mehr, auch wenn es nur der «Head of Business Center» oder der «Building Manager» (also der Hausmeister) ist.

Und da im deutschsprachigen Raum alle auf Anglizismen stehen, ist es immer gut, auf englische Begriffe auszuweichen, weil das halt besser klingt und viele die Wahnvorstellung haben, dass alles, was aus Amerika kommt, schon mal besser ist. Auch wenn die Firma nur in Deutschland arbeitet, machen sich englische Titel besser. Dass es das nicht ist, kommt ja erst später raus. Aber der erste Eindruck ist entscheidend.

21. Je mehr PCs auf dem Tisch stehen, desto wichtiger bist du

Das ist ja wohl klar. Als wichtiger Projektleiter hast du zwei Rechner. Einen Standrechner und einen Laptop, um deine Arbeit zu Hause und auf den Baustellen zu bewerkstelligen.

Wenn schon nicht zwei, dann ein tragbares Modell der Spitzenklasse. Keine Kompromisse. Wer Spitzenleistung will, muss Spitzenmaterial bereitstellen. Auch so ein Insignium der Macht. Hans Brav erhält den alten Rechner des Chefs, du den neuen mit den Extrafeatures. Du kannst damit zwar auch keinen anständigen Geschäftsbrief schreiben, weil du die Textverarbeitung auch nur im Adler-Such-System bedienst und nicht weißt, wie man die Tabulatoren richtig verwendet. Somit kannst du damit auch nicht mehr anfangen als Hans Brav, aber es sieht halt besser aus.

Und ganz wichtig: Du bist wichtiger als Hans Brav. Das ist die Botschaft. Und wer wichtig ist, bekommt von der Firma auch den größeren Wagen und die bessere Ausstattung. Mehr Geld und sogar noch eine hübsche Sekretärin. Das ist für einen Mann schon die halbe Miete.

Das ist schon so seit alters und deshalb für dich wichtig. Lass dir da nichts einreden. Wenn du nun ganz wichtige Projekte machst, dann bitte auch mit der richtigen Ausstattung im Büro zum See und nicht zur Hauptstraße. Gleich neben der Geschäftsleitung.

Denn wie sollen die an dich denken, bei der nächsten Beförderung, wenn sie dich nicht kennen. So begegnet man sich auf dem Gang und kann da auch mal die Schwierigkeiten mit der Finanzierung platzieren, so ganz nebenbei und nicht plump: Ich habe da mal ein Problem. Ne, ne, ganz zart und richtig dosiert.

Und weil dein Büro neben den Chefs ist, müssen auch die Ausstattung und die Möbel stimmen. Sonst sieht das ein Kunde und denkt sich: «So alte Möbel, der Firma geht's nicht gut. Preise drücken.» Und das will man doch vermeiden, oder?

22. Ich bin noch nicht geschult, also kann ich es nicht tun.

Arbeit ohne Schulung? Also wo sind wir denn? Nur nach entsprechender Einweisung wird gearbeitet. Bildung ist wichtig. Andere sollen arbeiten, du bildest dich weiter, um für die Firma das Optimum bieten zu können. Man will von dir Höchstleistung.

Und ohne Schulung keine Höchstleistung. Ist doch klar. Wenn man nicht bereit ist, dir diese zu bezahlen, dann eben nicht. Dann kannst du diese Aufgabe auch nicht übernehmen. Autodidaktisch? Das ist nicht möglich. Deine Freizeit brauchst du, um dich zu erholen vom harten Einsatz für die Firma. Ne, so geht das nicht. Arbeit gegen Bildung. Basta.

Da darf's dann ruhig mal auch ein Kurs Einführung ins tibetische Mantra sein. Je ausgefallener, umso besser. Nur wer solche Kurse bewilligt bekommt, ist wichtig und vor allem: Er hat es geschafft, für wichtig gehalten zu werden.

Also du. Lass dich nicht von deinem Innersten verleiten, bescheiden zu sein. Mehr gibt's da nicht zu sagen. Oder doch?

23. Lobe deine Selbstlosigkeit

Der Hilfsbereite ist stets beliebt. Natürlich bist du hilfsbereit. Und bei der hübschen Kollegin noch viel mehr. Was soll der Geiz? Aber auch dem ärgsten Feind hilfst du gerne.

Natürlich kommunizierst du das angemessen. Ist doch klar. Und dabei ergibt sich auch die Gelegenheit, hinter die Kulissen zu schauen. Der andere muss dir ja Informationen geben. Und wenn die Hilfe für dich auch nur eine Hilfe zur Selbsthilfe für dich ist (alles klar?), dann hast du nach außen trotzdem den Samariter-Orden und für dich den Vorteil, dass dein Mitkonkurrent um den Aufstieg dir verpflichtet ist. Das wird ihn zwar nicht hindern, dich bei Gelegenheit in die Ecke zu drängen. Er ist dir halt über. Nichts zu machen. Aber den Samariter? Ne, das geht nicht. Also berichte auch in allen internen Kommunikationskanälen davon.

Du glaubst an die Macht der Medien wie Intranet Portal oder Hauszeitung? Wo lebst du? In den Firmen wird so viel getratscht wie auf dem Marktplatz am Samstag. Und da werden Könige gemacht und Untertanen hingerichtet wie im Mittelalter. Und seit die Raucher sich nur noch an bestimmten Orten aufhalten dürfen, sind die die Bestinformierten der Firma.

Also sei hilfsbereit bei der Sekretärin, die am meisten tratscht, und lass sie das Telefon nach oben anschmeißen. Wer will dir nicht helfen, wenn du selbst so selbstlos bist? Nur keine falsche Scham. Also freundlich stets das Wohl der anderen betonen und den eigenen Vorteil im Kopf haben. Pass aber auf, wenn du den Chefs hilfst. Wenn du denen am Computer (und da sind diese meist etwas hilflos) locker zeigst, wie souverän du das im Griff hast, geht das nur, wenn du allein bist. Hat der Chef ein Problem, wenn andere dabei sind, dann wird es kritisch. Beispiel gefällig?

In einer Präsentation der Geschäftsleitung konnte der

Geschäftsführer sein Powerpoint nicht oder nur sehr umständlich bedienen. Er wollte halt auch seine Kompetenz auf dem Gebiet der EDV beweisen und seine Innovationsfreude. Die Präsentation war fast schon peinlich, wie er sich abmühte. Plötzlich fing das Bild an zu flackern, er wurde nervös und wusste sich sichtlich nicht zu helfen. Ein junger Mitarbeiter in einer der vorderen Reihen erkannte dies und wusste auch, was passiert war. Er ging nach vorne und schob genüsslich den Stecker des Bildschirmkabels wieder ganz rein. Lächelte dabei in Buddha-Manier (s. oben) und setzte sich. Allgemeines Grinsen. Der Geschäftsführer lief leicht an, sagte aber nichts.

Dieser Mitarbeiter hatte sich keinen Freund, sondern einen Feind gemacht, obwohl er half. Das war für ihn das Ende seiner Karriere während der Herrschaft dieses Geschäftsführers. Deshalb sei hier sensibel für die Verhältnisse. Du erinnerst dich vielleicht: Auch zur Zeit der Bibel waren die Samariter eine ausgegrenzte Minderheit. Also achte darauf, dass es dir nicht auch so geht.

24. Insider-Zirkel schaffen mit ausgewählten Mitarbeitern

Sobald du etwas höher gestiegen bist, hast du einigen Spielraum, wie du Informationen verteilst. Ein beliebtes Mittel, Gunst und Gnade zu verteilen, sind Insider-Zirkel.

Es ist damit wie im richtigen Leben. Eine Gruppe hat stets die Tendenz, sich nach außen abzugrenzen. Das ist uralt, wie oben schon beschrieben! Also schafft sich die Gruppe eigene Riten und Symbole. Sogar eine eigene Sprache. Das kann man positiv verwenden, indem man eine Projektgruppe als solche mit diesen Statussymbolen versorgt und sich diese schaffen lässt. So wird eine Identität geschaffen, und diese sorgt dafür, dass sich die Gruppe der Aufgabe verpflichtet fühlt.

Das ist gängige Praxis in den Firmen. Und das hat überhaupt nichts mit Menschenfreundlichkeit zu tun. Man möchte von der Gruppe und damit auch von dir die beste Leistung und sonst nichts. Firmen sind keine Sozialhilfeeinrichtungen! Lass dir da nichts aufschwatzen. Man kann diese Mechanismen aber auch ganz bewusst negativ einsetzen. Bestimmte Informationen werden nur in bestimmten Sitzungen weitergegeben. Die anderen erfahren nur allgemeines Blabla.

«Ich sag dir das im Vertrauen und nur dir», ist so ein Satz. Du fühlst dich geehrt, und der Informationsverteiler hat dich schon an deiner Millionen Jahre alten Gruppenschwäche gepackt. Bald hat eine kleine Gruppe mehr Informationen als andere. Ob es dann wirklich wichtige Informationen sind, ist dabei gar nicht raus. Diese Insidergruppe beginnt dieselben Mechanismen einer Insidergruppe zu entwickeln, wie andere Gruppen sich zu einer allgemeinen Gruppe formen. Das ist ein Selbstläufer.

Der Insider-Informationen-Geber braucht eigentlich nichts weiter zu tun, als dieses System mit Insider-Wissen zu füttern. Alle Gruppenmitglieder beginnen unaufhaltsam, sich mit dieser offiziell nicht existenten informellen Gruppe zu identifizieren und selbst bestimmte Informationen nur in der Gruppe weiterzugeben. Der Kreis schließt sich. Mit solchen Zirkeln schafft sich der Kopf der Gruppe ein starkes Machtnetz.

Du kannst dich als Insider einer solchen Gruppe nicht neutral nach außen stellen. Das geht nicht. Das lässt deine Sozialisation und dein genetisches Erbe einfach nicht zu. Also sei auf der Hut, wenn du das Angebot von Geheiminformationen erhältst. Was will der Informationsgeber von dir, und wie willst du dich dazu stellen? Neutral bleiben in der Gruppe kannst du nur sehr schwer, auch wenn du dir das noch so fest vornimmst.

Nochmals: Dieses Rudelverhalten (und nur darum geht es) ist uralt und ist bis heute notwendig. Das wird im Stammhirn abgewickelt. Da hat das Großhirn nur noch die Aufgabe, diese Gefühle zu rechtfertigen. Aber kein Einspracherecht.

Also mach dir hier nichts vor und entscheide, wie du damit umgehen willst.

Entschärfen kannst du das nur mit: «Ach das wusste ich schon» oder ähnlich. Das signalisiert, dass du bereits in anderen Zirkeln zu Hause bist und man dir etwas anvertrauen kann, ohne dass du es gleich weiterbabbelst. Macht den anderen dann neidisch auf deine Quellen. Also immer Vorsicht, mit wem du Informationen austauschst!

25. Stets hilft auch das Siegel der Verschwiegenheit

Dies ist eigentlich eine Abwandlung des obigen Themas. Anstatt einer Gruppe wird einer Einzelperson, unter Betonung der Verschwiegenheit, ein wichtiges Gerücht oder eine bevorstehende Entscheidung mitgegeben.

Dann gibt es zwei Möglichkeiten. Die erste: Man möchte von dir, dass du das möglichst weit weitererzählst. Du hast also den Ruf der Plappertante. Bravo. Dann kannst du fast nichts mehr falsch machen, weil du bereits nichts ausgelassen hast. Du giltst in der Firma als Plaudertasche, die nichts für sich behalten kann. Man verwendet dich in der Firma als Massentelefon.

Die andere Möglichkeit. Nur du erhältst die Information, weil der oder die andere sich etwas von dir verspricht. Und was das ist, musst du rasch herausfinden. Handelt es sich dabei schlicht um eine Palastrevolution, und man möchte sich deiner versichern, dann ist das für dich nicht so schlecht, sofern die Revolution glückt.

Man möchte, dass du zum Beispiel schon vorher erfährst, dass sich dein Chef disqualifiziert hat und von seinem Konkurrenten abgesägt wird. Die Info wird also in diesem Fall von oben kommen. Man möchte keine Unruhe bei den Leistungsträgern bzw. Mitarbeitern, die man für wichtig hält. Also bei dir kein intensiveres Lesen der Stellenanzeigen auslösen. Dann kannst du mit dir zufrieden sein. Eine Kündigung steht für dich nicht ins Haus. Die Bosse haben erkannt, dass du ein wichtiger Mitarbeiter bist.

Stammt die Info von Leuten auf deiner Ebene, kann dies bedeuten, dass man dich mag und dir eine Info gibt, unter Vertrauten. Oder man möchte dich in etwas hineinziehen. Dann wird es kritisch. Einerseits wenn es schiefgeht, andererseits, weil du dich dem nicht einfach entziehen kannst. Nur wenn du sofort signalisierst, dass dich das nicht interessiert. Aber die Neugier ist immer eine starke Kraft. Also mach entweder von vornherein, also prinzipiell klar, dass dich Gerüchte nicht interessieren.

Oder wenn du doch neugierig genug bist, sei auf der Hut, was das bedeutet. Irgendwann musst du dich dann vielleicht entscheiden. Und das ist gefährlich. Wenn die Info nur Klatsch ist, kannst du das zur Kenntnis nehmen oder für dich nutzen. Da gibt es dann viele Varianten, die hier nicht alle diskutiert werden können. Grundsätzlich hinterfrage aber stets, wer dir diese Information gibt und warum. Das hilft für eine Einschätzung der Situation.

26. Preise das Team und arbeite allein für dich

Wir wollen Teamarbeit. Das ist sozial anerkannt und fördert die gute Stimmung. Du arbeitest aber nur an deiner Karriere. Diese ist aber nicht für das Team. Karriere ist ein Nichtteamvorgang. Nur einer kann Karriere machen. Du. Wer sonst?

Aber das Team ablehnen hieße ja, sich gegen die Gruppe zu stellen. Also heule mit. Du bist für Teamarbeit und denkst dabei natürlich an die Langversion dieses Wortes: Toll – ein anderer macht's. Es ist also dein Anliegen, dass das Team sich wohl fühlt und alles im Team erledigt wird.

Ein hehres Ziel, dass alle im Team informiert sind. Du bist ja auch Teil des Teams. Deine Sonne strahlt über das Team. Dabei ist es aber wichtig, dass gute Leistung oder eine super Idee von dir kommt.

Merkst du den Unterschied? Was dir nicht direkt hilft, kommt vom Team. Was die Karriere fördert, stammt von dir. Der Unterschied macht's.

Leute, die so arbeiten, sind ganz schwer zu stellen. Da sie das Team preisen, aber dann die wichtigen Infos für sich nutzen, sind sie schwer zu identifizieren und noch schwerer bloßzustellen. Wenn du einen solchen Kollegen angreifst, musst du selbst eine starke Stellung im Team haben. Also können das nur Leute, die man als Gruppenführer akzeptiert. Die müssen dann aber auch ein Interesse haben und über die Macht verfügen.

Du merkst, es ist also nicht leicht, solche Kollegen in ihre Schranken zu weisen. Wenn du selbst nicht über die Macht verfügst, das zu stoppen, dann überleg es dir genau, ob du diesen Kampf führen möchtest. Vielleicht ist es besser, den Mund zu halten und zu warten, bis andere den Kollegen stoppen. Bei Frauen findet man dieses Vorgehen sehr selten. Wahrscheinlich ist es ein vorwiegend männliches Gruppenverhalten aus grauer Vorzeit. Dieses Vorgehen gehört bei mir in das Kapitel: Täuschen.

27. Probleme haben wir, Erfolge habe ich

Dieser Punkt ist eine Folge des Vorigen. Wenn wir schon Teamarbeit propagieren und leben, dann richtig. Der Slogan lautet dann: «Houston, wir haben ein Problem.» Natürlich nur die Gruppe. Damit sind wir in einem Boot.

Unser Problem ist das Problem aller. Und meins? Auch! Also lass die Gruppe an deinen Problemen teilhaben. Das schweißt zusammen. Und nach oben hat die Gruppe ein Problem, nicht du. Merkst du den Unterschied?

Immer haben die ein Problem. Wenn es aber einen Erfolg gibt, dann hast du diesen. Nicht die Gruppe. Du hast herausgefunden, du hast gelöst, du hast gut verhandelt.

Dadurch nehmen deine Chefs rechtzeitig wahr, wer der Leistungsträger in der Gruppe ist. Wenn du studiert hast, dann hast du sicher auch mal eine Gruppenarbeit gemacht. Dann erinnerst du dich sicher daran, dass nur wenige gearbeitet, die Note aber alle gekriegt haben. So ist das im Firmenalltag auch.

Führungskräfte nehmen nur selektiv war. Und wenn immer nur du die guten Einfälle hast, was spricht dagegen, dich als Leistungsträger zu identifizieren und für Höheres vorzuschlagen? Nichts! Also.

Die Wortwahl macht's. Wir haben ein Problem, ich habe es gelöst. Wenn du das heute schon lebst, hast du es geschafft. Nicht zwingend beliebt, aber schon auf dem Weg nach oben.

28. Manchmal hilft auch der Bulldoggen-Stil: Vorwärts und durch

Wodurch ist eine Bulldogge gekennzeichnet: flache Schnauze vorne durch die vielen Zusammenstöße mit Hindernissen. Mundwinkel nach unten und durch.

Und genauso gehst du vor. Wer sich in den Weg stellt, wird umgerannt.

Als Projektleiter muss man sogar manchmal so vorgehen,

wenn man was erreichen will. Nur sagt niemand, dass man dabei auch noch wild um sich beißen und alle anderen blutend auf dem Schlachtfeld zurücklassen muss. Wer den Kopf nicht rechtzeitig einzieht, wird niedergerannt.

Dieser Stil ist natürlich für dich da unten tabu, denn wie willst du als kleiner Rauhaardackel gegen die großen Pitbulls angehen? Erst ab einer gewissen Machtfülle hast du genügend Masse, um über andere hinwegzugehen. Und sei es auch nur, weil du den obersten Chef hinter dir weißt, der dich schiebt.

Denk aber dran, dass du nach erfolgreichem Durchmarsch wieder in die Herde zurückmusst. Und dann bist du vielleicht wieder der kleine Pinscher, der immer von den anderen getreten wird. Nach einem solchen Durchmarsch kriegst du noch mehr ab als vorher.

Denk also vorher darüber nach, was nach erfolgreichem Projekt mit dir geschieht. Im Gegensatz zum richtigen Leben kann man in der Firma durchaus in verschiedene Tierarten mutieren.

29. Das ist zu wenig konkret/zu konkret

Besonders beliebt bei Vorgesetzten. Man lässt etwas ausarbeiten und macht dann dem kleinen Projektleiter klar, dass das zu detailliert oder zu grob ist. Vorher hat man dir natürlich nicht gesagt, wie das sein soll. Das weiß man/frau eben. Du anscheinend nicht. Wenn du der Anwender solchen Vorgehens bist, dann merk dir, dass das dem anderen schnell als Masche auffällt. Man darf es deshalb nicht zu häufig verwenden.

Wenn dein Mitarbeiter oder Kollege wiederholt etwas nicht so liefert, wie du dir das vorstellst, ist es nicht zwingend sein Problem. Vielmehr kann es sehr gut sein, dass du dich nicht klar ausdrückst oder falsche Signale setzt!

Die Bemerkung: «Machen Sie das mal» ist so unscharf, dass der andere zuerst überlegen muss, was du eigentlich willst. Dass er das dann anders liefert, ist nicht zwingend sein Fehler. Durch deine lässige Bemerkung, garniert mit einem Witz, konnte er es nur so verstehen, dass es dir nicht auf Präzision ankommt.

Oder umgekehrt erklärst du ihm ausführlichst, wie genau du so was schon mal ausgearbeitet, also eine Diplomarbeit darüber geschrieben hast. Dann erhältst du 80 Seiten Ausarbeitung in allen Details und teilst dem Lieferanten dann mit, dass zwei Seiten genügt hätten.

Besser kann man Frust nicht verteilen. Also bemüh dich, deine Anweisungen so klar wie möglich zu geben. Und zwar nicht, wie es zu tun ist, sondern welches Ergebnis du erwartest. Negativ formuliert: Wenn du jemand auflaufen lassen willst, tu so, als ob du nur eine kurze Zusammenfassung haben möchtest, mach den Lieferanten jedoch dann bei Lieferung zur Schnecke, weil er mal wieder viel zu oberflächlich gearbeitet hat!

Peng, das sitzt. Und dann vor allen Projektmitgliedern. Nun haben sie alle Angst vor dir. Da muss man nichts weiter mehr dazu sagen.

30. Rede stets von früher und nutze die Geschichte

Wenn du schon etwas älter bist, kannst du nun so langsam damit beginnen, die Geschichte und deine Biographie zu bemühen. Es stimmt wirklich: Alles schon mal dagewesen. Erfahrung besteht ja gerade darin, dass man aus vergangenen Projekten die wichtigen Dinge gelernt hat. Und wenn du nun 2 bis 3 Jahre Erfahrung hast, kannst du nun langsam dazu übergehen, für die restlichen Jahre deines Projektdaseins die Geschichte zu bemühen.

Was wir schon damals ... und nun folgen die Erfahrungen eines langen Lebens. Bei wirklich älteren Kollegen kurz vor der Rente durchaus interessant. Bei einem knapp Dreißigjährigen nur peinlich.

Für die Vernichtung von Vorschlägen aber wieder optimal. «Das haben wir schon vor 20 Jahren probiert.» «Das geht nicht!» Wer will dagegen an?

Wenn einer mutig ist, kann er dann lapidar bemerken: Ihr konntet das nicht. Das sitzt. Aber wer kann schon gegen den Chef. Wenn du die Geschichte bemühst, ist das so wie mit der Bibel. Nicht wirklich in Frage zu stellen. Und wenn du dann die lange Erfahrung zitierst, dann kann dir keiner wirklich entgegentreten.

Auch hier wieder so eine Killerphrase: «Das wurde schon mal so gemacht und ist deshalb schon nicht zu berücksichtigen.» Dass damals die Rahmenbedingungen andere waren, wird verschwiegen. Wenn also Kollegen damit auffahren, sofort Widerspruch einlegen, sofern dir das erlaubt ist.

Also wieder mal das alte Problem. Schau, wer du in der Firma bist, bevor du dich mit anderen anlegst oder diesen widersprichst. Was deinem Kollegen als Clowntyp gestattet ist, ist für dich das Ende deiner Karriere.

Damit will ich dieses Kapitel beenden. Es gäbe noch unzählige solcher Muster, aber das Buch soll dich nicht langweilen, sondern Ideen geben, wie man was erkennt und für sich nutzt, um im Dschungel der Beziehungen zu überleben.

Falls du dazu noch Beispiele hast, kannst du mir diese gerne mailen. Und wenn es genügend Beispiele werden, mache ich daraus eine Beispielsammlung.

Übrigens sind alle Beispiele so geändert, dass man unsere Kunden oder Personen nicht erkennen kann. Mach dir also nicht die Mühe, unsere Kundenliste durchzugehen. Die Beispiele habe ich über zwei Jahrzehnte gesammelt. Viele Kunden sind schon lange nicht mehr auf der Kundenliste zu finden. Die anderen sind so verfälscht, dass auch ein Kunde selbst sich nicht wiedererkennen würde.

Der Dienstweg

Wenn du nun erfolgreich ein Projekt angedreht bekommen hast, wirst du sehr bald merken, dass es nur in wenigen Fällen deines Arbeitens um dein Projekt geht.

80 % deiner Zeit verbringst du damit, die Bürokratie zu füttern. Wenn es in deiner Firma anders ist, dann ist das die Ausnahme.

Je größer die Firma, desto mehr Bürokratie schlägt auf dich ein. Viele Großkonzerne sind bürokratischer als Behörden. Du musst jede Menge Anträge schreiben, bis du Geld bekommst. Du darfst tagelang Berichte oder Reports (klingt einfach besser) ausfüllen, deren Sinn so richtig niemand mehr kennt und noch schlimmer: niemand liest.

Und wenn es noch ein amerikanischer Konzern ist, ist es locker das Doppelte. Beispiel gefällig? Ein Geschäftsführer, dessen Firma an einen amerikanischen Investor verkauft wurde, hat mir erzählt, dass er im Monat 32 Reports abzuliefern hat. Schwachsinn, aber von den Amerikanern verlangt. Natürlich erhalten diese die Berichte, der Inhalt ist ohnehin ohne Nutzen. Aber viel Papier hilft viel.

So ähnlich wird es dir nun auch ergehen. Du darfst monatlich den Stand deines Projekts rapportieren, die Kosten liefern, den Fortschritt, meist noch eine oder mehrere Ampeln usw.

Die Vorgesetzten sind meist ganz verrückt auf Ampelcharts. Warum, ist mir nicht klar. Dass da was brennt, macht man erst deutlich, wenn man es heimlich nicht mehr ausbügeln kann oder dem Kollegen eine reinwürgen will.

Ansonsten sind die Projekte nach außen immer top aufgestellt. Ich hab es nie anders erlebt. Wer geht denn zum Chef und sagt ihm, dass er nicht klarkommt?

Das macht man erst, wenn man so tief drinhängt, dass es anders nicht mehr geht, weil man es nicht mehr verbergen kann.

Also sind die Ampeln immer noch grün, auch wenn es bereits brennt. Wenn die Flammen lodern, dann schaltet man auf Gelb.

Erst wenn das Projekt schon gescheitert und nur noch Asche übrig ist, wird auf Rot geschaltet.

In diesem Fall musst du so lange warten, bis ein Ereignis eintritt, das du nicht vorhersehen konntest. Dann schnell auf Rot schalten und das damit begründen. Dann kannst du auch alle Mehrkosten schnell noch reinrechnen. Das Ereignis überdeckt deine Deckungslücke in den Kosten und deine Verspätungen.

Der Dienstweg ist mühsam. Wenn du Geld benötigst, braucht es in manchen Firmen bis zu fünf Unterschriften, selbst für die Einladung deines Lieferanten in die Kantine bzw. das Personalrestaurant.

Das wird dann akribisch abgerechnet und auf drei Kostenstellen verteilt. Aufwand dafür ca. das Zehnfache des Essensbetrages. Ich hab Projektleiter erlebt, die mich nach auswärts eingeladen haben, da es intern so schwierig ist.

Überhaupt ist das Spesenwesen ein Unwesen. Zum einen hat der deutsche Staat, und auch in anderen soll es nicht anders sein, dafür gesorgt, dass du mehr Aufwand hast, dies korrekt abzurechnen, als es selbst zu bezahlen und dann über Kilometer auszugleichen.

Das können sich nur Leute ausdenken, die nichts zu tun haben. Abgesehen davon, dass man so die Konjunktur abwürgen kann. Und genauso verfahren Firmen intern. Die Essenspesen müssen genau begründet werden, die Teilnehmer benannt und mit Titel ausgeführt werden. Der eigene Essensanteil ist herauszurechnen usw. Finanzamt und interne Bürokratie spielen hier hervorragend zusammen.

Bürokratie ohne Ende. Schlaue Firmen machen das ganz einfach und sparen dadurch enorm Zeit. In den Bürokratenfirmen ist es auch enorm aufwendig Geld auszugeben. Du hast vielleicht ein Budget erhalten, aber nutzen darfst du es nicht. Du musst jedes Mal einen Antrag schreiben.

Viele Projektleiter schreiben dann im Adler-Such-System vierseitige Antragsformulare. Und das jeden Tag. Anstatt sich um das Projekt und die Technik zu kümmern, füttern sie ein Geldvernichtungssytem mit Informationen, die nie mehr jemand nutzt. Du glaubst das nicht? Hier wieder ein Beispiel.

Ich war als Externer länger in einer Firma tätig. Dort wurde das Großrechner SAP R/2 System durch R/3 abgelöst. Dabei wurde durch die Projektleitung und die Geschäftsleitung beschlossen, das alte System nach Inbetriebnahme des neuen einfach abzuschalten.

Im alten System waren alle Zahlen der letzten sechs Jahre gespeichert. Diese wurden nicht übernommen. Nur die Stammdaten wurden überführt. Ein halbes Jahr später hatte ich mit einem Geschäftsleitungsmitglied besprochen, dass wir alte Daten benötigten, um Kennziffern zu erhalten. Als wir zu dem Verantwortlichen gingen, guckte der uns nur groß an. Wir waren die ersten, die nach alten Daten fragten. Bis dahin hatte keiner (!) irgendwelche Zahlen der letzten Jahre benötigt.

Und auch später war das nicht der Fall. Ergo: Die alten Zahlen benötigt niemand wirklich. Schau doch mal bei dir selbst. Wie oft nimmst du wirklich alte Informationen und bereitest sie auf? Wie oft guckst du in einem alten Terminplan wirklich nach und holst ihn dir als Vorlage oder machst sogar noch eine Nachkalkulation? Dann bist du der absolute Exot.

Es hat heute keiner Zeit für eine Nachbetrachtung. Während das alte Projekt gerade beerdigt wird, hast du schon zwei neue. Da bleibt keine Zeit für Nachbetrachtungen.

Nur die Bürokratie verlangt von dir einen Abschluss, um sich zu befriedigen. Helfen tun diese Zahlen niemandem, da sie niemand mehr liest.

Wenn dein Projekt schlecht gelaufen ist, dann mach es einfach. Schreib ganz viel Text und pack die für dich gefährlichen Dinge zwischen die Zeilen. Kein Chef wird deinen Erguss lesen. Dazu hat er keine Lust und demzufolge auch keine Zeit. Ich habe mir angewöhnt, sofort misstrauisch zu werden, wenn ausführliche Abhandlungen kommen. Dann ist was faul.

Auch 60-seitige Angebotsaufforderungen oder Ausschreibungen haben ein Problem. Ein Projekt-Abschlussbericht kann auf einer A4-Seite zusammengefasst werden. Kurz, knapp, knackig und prägnant. Dann ist er gut. Bis fünf Seiten mit Deckblatt befriedigend! Alles was darüber hinausgeht, ist eine Rechtfertigungsorgie, warum das Projekt so schlecht lief und warum es nicht anders ging und überhaupt ...

Dasselbe gilt für alle Arten von Berichten. Was soll der Aufwand bezwecken, außer die Angst der Empfänger zu dämpfen?

Wenn man dir nicht traut, dann ist es ohnehin egal, was drinsteht. Warum hat man dich dann zum Projektleiter erniedrigt, wenn man schon von vornherein davon ausgeht, dass du es nicht schaffst?

Stell diese Frage mal deinem Chef. Danach bist du entweder das Projekt los oder ein Teil der Bürokratie. Beides kann von Vorteil sein. Aber ohne Projekt kann es auch der Job sein, den du los bist. Sei also vorsichtig. Du sagst ja deinem Chef, dass er's nicht so auf die Reihe kriegt. Und das möchte sich keiner sagen lassen.

Da die Bürokratie von dir nur indirekt bekämpft werden kann, musst du dir eine Strategie überlegen, wie du damit umgehst.

Am besten kopieren. Einmal ausfüllen, immer wieder nutzen. Alle Stellungnahmen einfach wieder so reinstellen ist eine erfolgreiche Strategie.

Dein Projekt ist immer Gelb-Grün. Falls was schiefgeht, ist der Gelbanteil halt höher geworden. Und das konnte man nicht vorhersehen. Wenn's gut geht, hast du niemanden aufgescheucht. Wenn du einen Stab zur Verfügung hast, dann beschäftige ihn damit. Da die Bürokratie bereits zufrieden ist, dass sie bedient wird, füttere sie entsprechend. Der Inhalt ist nicht so wichtig, habe ich gelernt.

Alles was von der Norm abweicht, macht sie nervös. Das ist wie mit dem Finanzamt. Die werden nervös, wenn sich dein Einkommen laufend ändert. Da muss was faul sein. Wenn du immer dieselben Zahlen ablieferst, ist das viel glaubhafter.

Und so ist das in den Firmen auch. Wenn deine Berichte immer unauffällig der Norm entsprechen, wird niemand nervös. Erst wenn du von Rot auf Gelb schaltest, musst du dich rechtfertigen, warum jetzt nur noch Gelb. Dann bleib lieber gleich bei Rot, denn wenn das nächste Mal wieder Rot drinsteht, wird man dich zitieren, und du darfst dann wieder eine Abhandlung schreiben, wie du gedenkst, das Ganze wieder in die richtigen Bahnen zu lenken.

Vielleicht musst du auch beim Steering Comitee (also dem Gremium, das immer in die Tassen stiert und steered) vorsingen. Wenn du schon vorsingen musst, schau, dass du das am Abend machen kannst. Dann sind sie müde und wollen heim. Außerdem hast du gute Chancen, gar nicht dranzukommen, da deine Vorgänger länger brauchten als geplant. Das ist wie im Studium, wo die Vorträge, die für das Ende des Semesters geplant waren, nie vorgetragen wurden, da die Zeit nicht reichte.

Also hast du am Vormittag keine Zeit, da noch andere Meetings anstehen, die du da hingelegt hast, und vor allem ist dein Kunde da und will mit dir reden. Der Kunde geht vor und braucht deine ungeteilte Aufmerksamkeit.

Selbstverständlich bietest du an, dann am Abend noch bereitzustehen. Aber nach 8 Stunden Marathonsitzung oder mehr fallen die Prügel nicht mehr so hart aus, da waren andere vor dir, mit mehr Leichen im Keller.

Wenn die Bürokratie dir also übelwill, gewöhn dir an, gleich Vorschläge für eine Verbesserung zu machen. Jedes Kind lernt, dass Mami und Papi nicht mehr so böse sind, wenn es seine schlimmste Strafe gleich selbst vorschlägt.

Wenn die Bürokraten also von dir Besserung verlangen, dann mach doch gleich einen Vorschlag, der dich wenig Aufwand und Zeit kostet und nach außen prima aussieht. Dann müssen die Bürokraten erst mal darüber nachdenken und bessere Vorschläge machen. Und das dauert.

Manchmal hilft auch einfach aussitzen. Ich habe Firmen erlebt, da wurden drakonische Maßnahmen beschlossen, aber nie etwas umgesetzt. Das ist nämlich der zweite Trugschluss: Ein Beschluss heißt noch lange nicht, dass den dann auch einer umsetzt. Viel Energie wird in einen Beschluss gesteckt, der dann in den Abteilungen wie ein Ball durch Nachgeben seine Energie verliert. Nach ein paar Monaten hat sich nichts verändert.

Jeder, der etwas ändern will, muss auch etwas tun. Und wer will schon tun? Also läuft die Bürokratie immer wieder auf, wie die Wellen am Strand. Nachdem sie ausgelaufen ist, ist die Energie vernichtet, und zurück bleibt der Sand.

Deshalb schau dir deine Firmenkultur an. Wird da auch so gearbeitet? Wenn ja, heißt das für dich, dass du diese Entscheide mittragen kannst, ändern wird sich jedoch für dich nichts. Du hast dich nicht dagegengestellt und bleibst Mitglied der Herde.

Die anderen tun auch nichts, also lass dir Zeit mit der Umsetzung. Dafür hast du immer gute Gründe, warum du erst in vier Wochen anfangen kannst. Bis dahin ist der Beschluss schon eingeschlafen, und du hast nur die Hälfte zu tun. Vor allem kannst du dich auf dein Projekt konzentrieren.

Fazit: Da du die Bürokratie in deiner Firma nicht ändern, geschweige denn abschaffen kannst, bleibt dir nur der Weg, diese mit sich selbst zu beschäftigen und das Minimum zu liefern, was du halt nicht vermeiden kannst.

Der Computer kann am besten kopieren. Also nutze diese Funktion intensiv. Wie oben schon angesprochen, ist die Bürokratie zufrieden, wenn es immer gleich kommt. Änderungen stören nur.

Nicht autorisierte Projekte anleiern

Was sind nicht autorisierte Projekte? Insgesamt sollte es ja so sein, dass Projekte eine Firma nach vorne bringen und von jemandem in Auftrag gegeben werden.

Man möchte die Produkte verbessern, neue Produkte entwickeln, die Organisation unterstützen, ein Projekt für den Kunden machen usw. Nun aber brauchst du ein Projekt, um deine Karriere zu fördern. Das ist natürlich nicht so einfach, da du ja nicht zu deinem Chef gehen kannst und ihm mitteilst, dass du ein Karriereprojekt starten willst.

Also musst du das irgendwie verdeckt hinkriegen. Der einfachste Weg ist, du setzt einen Studenten oder Praktikanten ein. Viele Firmen nützen die Gunst der Stunde und verheizen die vielen Praktikanten auf dem Markt für irgendwas. Warum nicht auch du? Dass sie dabei was lernen, ist vielleicht noch ein angenehmer Nebeneffekt.

Also schnappst du dir einen, der dich zu unterstützen hat, und gibst ihm den Auftrag, dein Projekt anzugehen, will heißen, mal die Rahmenbedingungen zu klären, erste Marktuntersuchungen durchzuführen usw. Davon weiß natürlich noch niemand. Wenn der Laden klein ist, dann ist das natürlich schwierig. Wenn du in einer großen Firma arbeitest, haben nur wenige einen Überblick.

Der Student hat also den Auftrag, dein Projekt mal anzuleiern. Von deinem Projektgeld kannst du dann auch etwas abzweigen, sodass du ein kleines Budget hast, um mal in die Gänge zu kommen. Rechnungen werden dann auf die vorgesehene Kostenstelle des anderen Projekts gebucht.

Wenn du dir sicher bist, dass das funktioniert, musst du aus der Abteilung Geld organisieren. Noch besser von einer anderen Abteilung, die auch ein Interesse hat. Ich habe erlebt, dass hierbei recht große Summen innerhalb der Firma gewandert sind, ohne dass sich irgendjemand daran gestört hat.

Das Projekt lief prächtig, obwohl niemand so genau sagen konnte, was in diesem Projekt eigentlich geschieht und was dabei herauskommen soll. Wenn du einem Abteilungsleiter klarmachen kannst, dass dieses Projekt seiner Karriere dient, dann wirst du ohnehin rasch Geld dafür erhalten.

Wenn das nicht so einfach ist, dann hast du immer noch die Möglichkeit, die Projektziele eines bestehenden Organisationsprojekts zu drehen. Das ist meist ganz einfach.

Nach ca. 3 Monaten weiß niemand mehr so recht, was das Projekt eigentlich für ein Ziel hat. Nun fängst du an, die Aufträge so zu steuern, dass diese ganz langsam in eine andere Richtung, nämlich in deine, laufen. Mit Projektzieländerungen, also Ergänzungen und Streichungen kann man dann Stück für Stück das Projekt umbiegen, ohne dass dies noch jemandem auffällt. Wenn dann als Ergebnis eine neue Stabstelle mit ein paar Leuten für dich rausspringt, dann hast du es geschafft. Was diese Stabstelle dann eigentlich tun soll, ist egal, Hauptsache, deine Chefs erkennen den Vorteil dieser Lösung.

Dieses Kapitel war für mich übrigens das schwierigste, da man hier eigentlich sehr genau den Fall kennen muss, um zu sehen, wie das geht. Wichtig dabei ist nur, dass du die Ziele eines freigegebenen Projekts positiv für dich umbiegst. Wenn das Projekt über mehrere Jahre läuft, ist das gar nicht so schwer, da dann die Leute wechseln, und so hast du immer mehr freie Hand. Hauptsache, das Projekt ist in SAP oder einem anderen ERP-System angelegt und kann bebucht werden.

Gut geht das auch, wenn dein Chef wechselt. Wenn der neue aus einem anderen Bereich kommt, dann weiß er noch nicht, was Sache ist. Das ist der Moment, wo du dieses Projekt drehen kannst, ohne dass es auffällt.

Noch besser ist allgemeine Umorganisation und am allerbesten die Fusion deiner Firma mit einer anderen. In diesem Moment sind alle mit ihrer Karriere beschäftigt und haben anderes zu tun, als bei dir zu gucken, was du tust. Außerdem verschwinden dann ganz viele Leute, andere wechseln den Posten oder gehen ganz aus der Firma. Hier bist nur du die einzige Konstante, die tapfer die Stellung hält und unbeirrt ihre Projekte durchzieht.

Und weil du so lieb bist, machst du auch noch Projekte von Leuten, die weggegangen sind. Wer will da noch prüfen, was du genau machst? Auf jeden Fall muss das Projekt dich später als Einzigen zum Guru machen.

Das neu entwickelte Gerät oder die Software kann nur von dir überblickt werden. Wer will dich da noch ersetzen? Dann hast einen ruhigen Lebensabend.

Entscheidend ist, dass du in diesem Augenblick zuschlägst, wo eine Änderung eintritt. Wenn alles seinen Gang geht, dann ist es sehr schwer, so was zu drehen, da dann die Gefahr groß ist, dass es auffällt. Und in den großen Firmen wird alle zwei Jahre reorganisiert, also hast du theoretisch alle zwei Jahre die Möglichkeit, ein Projekt für dich zu drehen. Sei also vorbereitet und nutze die Gunst der Stunde.

Öffentlichkeitsarbeit in eigener Sache

Mal ehrlich. Wann hat dein Chef das letzte Mal dein Genie gewürdigt? Eben, das ist eindeutig zu lange her. Was nützt es dir, wenn die Projekte gut laufen und keiner kriegt's mit? Vielleicht hat es dein Chef schon lange erkannt. Aber warum soll er dich loben? Damit du dann am Ende befördert wirst und in eine andere Abteilung wechselst? Nein, sein Ziel muss es sein, dass deine Arbeitskraft für seine Karriere zur Verfügung steht. Schließlich bist du nur so gut, weil er dein Chef ist.

Also musst du schon selbst was für dich tun. Da gibt es nun zwei unterschiedliche Typen. Bist du der, der eigentlich keine Karriere machen möchte? Dich reizen interessante Projekte, aber sich mit Mitarbeitern herumzuschlagen ist nicht dein Ding? Dann bleib Projektleiter. Sei einfach mal ehrlich zu dir selbst.

Ich kenne mehr gefrustete Techies, die nun als Gruppen- oder Abteilungsleiter verkümmern, als solche, denen es Spaß macht. Das ist ja ganz normal. Du bist in den technischen Bereich gegangen, weil in Sitzungen rumzuhängen und über die Organisation nachzudenken und Leute zur Sau zu machen, weil sie mal wieder anderes im Kopf haben, nicht dein Ding ist.

Also musst du das den Oberen verständlich machen. Was hindert dich denn, deinem Chef klarzumachen, dass du seinen Stuhl gar nicht willst. Sag es ihm doch, wenn du ein Projekt sauber abgeliefert hast. Sag ihm, dass du dich damit für ein interessanteres und wichtigeres Projekt qualifiziert hast. Was soll er dagegen haben?

Entscheidend ist, dass er dich im Gegenzug dafür, dass du seinen Stuhl nicht willst, finanziell fördert und vor allem in Ruhe deine Projekte machen lässt. Wenn du so oder so viel Kosten für das Projekt errechnet hast, dann möchtest du von ihm, dass er das auch so akzeptiert und nicht aus falschem Sparwahn oder wegen seiner eigenen Zielvereinbarung hier wieder kürzt, nur um seinen Bonus zu retten.

Das soll er bei den anderen tun, nicht bei dir. Dann soll er auch in deine Zielvereinbarung das schreiben, was du leisten kannst und nicht noch mehr. Mach ihm klar, dass, wenn das nicht gut kommt, die andere Abteilung gerade intern eine Stelle ausgeschrieben hat, die dich brennend interessiert.

Eigentlich bist du mental schon dort, der Chef dort hat schon großes Interesse an dir gezeigt. Natürlich darfst du damit nicht plump in die Tür fallen. Aber eine geschickte Bemerkung unter Kollegen, und schon weiß dein Chef zwei Stunden später, dass er dich viel mehr pflegen muss als bisher.

Wenn er nur kurz nachdenkt, dann wird ihm klar, dass er einen guten Mann oder eine gute Frau verliert. Das hilft ihm nicht. Er will ja weiter nach oben, muss also seinem Chef klarmachen können, dass er alles im Griff hat. Wer gut ist, sich einsetzt, der kann auch fordern.

Sei da ganz ruhig und entspannt. Sein Egoismus ist groß genug, dich nicht ziehen zu lassen, außer er hat dich schon auf der Abschussliste, weil er dich nicht mag, oder du hast ihm gesagt, dass du ihn für einen Underperformer hältst. Wenn du deine Projekte im Griff hast, wird er es sich nicht nur zweimal überlegen, dich ziehen zu lassen.

Wenn du ihm aber plump gedroht hast, dann musst du auch in der Lage sein zu wechseln, im schlimmsten Fall auch in eine andere Firma. Also sei da nicht der Elefant im Porzellanladen. Mit Fingerspitzengefühl auf die eigene Leistung verweisen, wer will dir das verwehren?

Viele Techis stellen ihr Licht unter den Scheffel. Frag doch mal direkt, ob man mit dir zufrieden ist. Wenn ja, wird man das auch zugeben. Und das ist dann der Anlass deine Erwartungen zu formulieren. Das Budget nur 10 % überzogen und nur 2 Wochen Verspätung ist nicht normal, sondern die Ausnahme. Also mach das in der Abteilung deutlich. Am besten lässt du einen guten Freund das mitteilen, das wirkt glaubhafter.

Wenn du Karriereambitionen hast, dann hilft es natürlich nicht, deinem Chef zu sagen, dass du in zwei Jahren sein Chef sein willst. Denk daran, das ist wie beim Kartenspielen: Ober sticht Unter. Und noch bist du Unter.

Also, wenn du Karriere machen willst, hast du als Projektleiter viel weniger Möglichkeiten als in der Abteilung. Wichtig ist, dass du mit den Mächtigen zusammenkommst. Wenn du ein Geschäftsleitungsprojekt erhältst, das direkt von einem Geschäftsleitungsmitglied geführt wird, dann ist das super. Denn dann hast du den direkten Draht.

Problem dabei ist nur, dass diese Leute eigentlich immer alle Arbeit abwälzen. Also musst du alles selber machen, jedoch die offizielle Projektleitung hat das GL-Mitglied. Das ist so. Du darfst dir dann nicht zu schade sein, die Drecksarbeit für ihn auch noch zu machen und ihm dann auch noch Kaffee für seine Sitzung zu holen.

Der Vorteil dagegen liegt auf der Hand. Du kannst dich ziemlich sicher auf seine Inkompetenz verlassen. Er hat sich technisch nicht eingearbeitet, hat keine Zeit, sich um das Projekt zu kümmern, und ist normalerweise nur wenig mit der Sache vertraut. Wie soll er auch?

Ich habe noch nie einen GL-Projektleiter erlebt, der einen echten Plan hatte. Die einzige Ausnahme sind die Firmengründer im Mittelstand. Die wissen normalerweise alles über ihren Betrieb und die Produkte. Da mach dir nichts vor.

Aber die Söldner in großen AGs oder GmbHs, denen nur ihr Bonus wichtig ist, sind normalerweise auch keine Techis, kommen häufig aus der Juristerei oder Betriebswirtschaft und sind demzufolge technisch nicht sehr kompetent. Natürlich haben sie das Gefühl, dieses zu sein. Sind sie aber nicht.

Und das ist deine Chance. Warum mit ihnen darüber streiten, ob sie das technisch verstanden haben, was du zusammengestellt hast? Lass ihnen das Gefühl, besser zu sein als du. Dass dem nicht so ist, muss dir reichen.

Viel wichtiger dabei ist, dass du ihnen während des Projekts die Arbeit wegräumst und sie merken, dass du zu Höherem berufen bist. Während das Projekt läuft, sind immer wieder notleidende Abteilungen oder Stellen offen.

Ich habe in meiner alten Firma die ersten Jahre immer nach ca. einem halben Jahr die Stelle gewechselt und dabei viel gelernt. Immer war der Anlass, dass es irgendwo brannte und man einen brauchte, der löschte. Natürlich hatte ich von der neuen Materie absolut keine Ahnung. Das habe ich dann auch laut und deutlich gesagt. War aber stets kein Problem, Hauptsache, einer machte den Feuerwehrmann.

Und so hatte ich nach ein paar Jahren alle Abteilungen durchlaufen und wurde dafür stets belohnt und stieg im Ansehen der Chefs. Natürlich habe ich das auch gerne gemacht, da es mich immer wieder reizt, etwas ganz Neues zu machen.

Aber als es dann wirklich um etwas ging, kam man um mich nicht herum, weil ich davon schon wusste oder das schon mal so ähnlich gemacht hatte.

Und genau das ist dein Ansatzpunkt. Wenn dein Auftraggeber merkt, dass er in dir eine Stütze hat und dann ein Posten frei wird und dringend besetzt werden muss, dann wird er sich nicht dankbar zeigen, sondern kühl überlegen, ob ihm damit gedient ist. Dankbarkeit oder so was Ähnliches schminke dir in den oberen Etagen ab. Da geht es nur um den eigenen Vorteil.

Was also soll ihn daran hindern, einen loyalen und zuverlässigen Mann/Frau wie dich auf die Stelle zu setzen? Er braucht eine Hausmacht, sucht sich also Leute, die er für loyal hält, was du ja stets bist. Lass ihn das ruhig wissen. Natürlich nicht wieder plump in die Tür fallen. «Chef, einen wie mich erhalten Sie nie wieder», das ist nur schlecht. Nö, da gibt es wieder mal die Kollegen oder auch die Sekretärin, die ihrem Chef mitteilt, dass du ihr mal erzählt hast, dass dich die neue Stelle reizt. Und wenn diese intern offiziell ausgeschrieben wird, dann kannst du natürlich mit deinem Auftraggeber reden, dass du die Stelle willst. Das ist ja dann opportun.

Mach ihm dabei aber auch klar, dass sein Projekt nicht darunter leidet. Dass du selbstverständlich das Projekt weiter zum Erfolg führst oder es sauber übergibst und zur Verfügung stehst.

Wenn er nämlich Angst hat, ab sofort die Arbeit selbst machen zu müssen, kannst du die Stelle abschreiben. Du merkst, worauf ich hinauswill?

Wer mit den Mächtigen zusammenarbeitet, wird auch wahrgenommen. Von einem, von dem man noch nie gehört hat, kann man auch nicht überzeugt sein. Ist doch logisch. Deshalb ist es auch nicht schlecht, wenn dein Büro neben den Mächtigen ist.

Vielleicht ergibt sich das, oder du musst das irgendwie erreichen, dass du die Leute kennenlernst, die dir helfen müssen. Manche gehen dann auch in denselben Sportverein oder Golf Club wie der Boss. Das ist dann aber schon wieder ein Problem.

Da will er eigentlich nicht mit seinen Knechten Golf spielen, sondern andere Alphatiere treffen. Und wenn sie dann betrunken sind, will er nicht, dass du das am nächsten Tag brühwarm zum Besten gibst.

Die Nähe zur Macht ist übrigens auch für dein Projekt nie schlecht. Wenn du etwas brauchst, ist ein kurzer Draht zur Macht immer hilfreich. Außerdem kann man so deinen wertvollen Beitrag für die Firma besser würdigen, als wenn man von dir nichts weiß.

Wie erwähnt, ist das Büro neben dem Chef immer das Beste. Auch die Kaffee-Ecke, die bei den Mächtigen angesiedelt ist, liefert deutlich mehr intime Informationen als die unten in der Werkstatt.

Die unten ist vielleicht unterhaltsamer, aber die für dich wichtigen Informationen sind bei den Chefs angesiedelt. Das ist nun mal so. Und wie schon oben ausgeführt, wird man nicht durch Leistung befördert, sondern nur, weil man die Informationen dazu hat. Ein Sprichwort sagt: Alles wissen geht über alles haben. Ist ja auch klar. Und für dein Projekt ist Wissen immer gut. Und das wiederum ist gut für deine Karriere.

Termin- und Kostenpläne für sich nutzen

Nachdem du deine Sitzungen und die Chefs nun erfolgreich im Griff hast, wird es Zeit, für das Projekt einen Terminplan zu machen. Übrigens erwarten deine Auftraggeber, intern oder extern, sofort nach Auftragserteilung einen genauen Liefertermin und die Kosten dazu. Wehe, du nennst dann sofort eine Zahl. Das Einzige, was sie speichern, sind dieser Termin und diese Kosten. Alle Rahmenbedingungen werden geflissentlich übersehen und sofort wieder vergessen.

Was bleibt, sind diese zwei Größen. Und du hast das Problem. «Sie sagten doch damals ...», ist dann die Antwort, wenn du doppelt so lange brauchst und die Kosten dreimal so hoch sind, wie damals spontan geschätzt.

Vergiss es, dann zu argumentieren. Das ist dasselbe wie mit Vorurteilen. Diese Zahlen bzw. das Datum halten sich so hartnäckig, dass du keine Chance mehr hast, eine Korrektur vorzunehmen. Da kannst du noch so lange gute Gründe nennen. Diese Fakten wurden nach außen kommuniziert und von allen verstanden.

Die Rahmenbedingungen, unter denen du diese Zahl genannt hast, wurden jedoch verschwiegen. Das ist meist nicht böse Absicht. Der Auftraggeber, und da ist es egal ob extern oder intern, hat diese Daten intern kommuniziert und dann vielleicht ein Problem, wenn es später wird oder die Kosten ein Vielfaches betragen. Er wird auf jeden Fall dir den Schwarzen Peter zuschieben, spätestens dann, wenn es gilt, seine Haut zu retten. Aus diesem Grund winde dich da raus, solange du keine genaue Kenntnis des Projekts hast.

Also mache erst eine Aussage, wenn obige drei Punkte von dir durchgerechnet wurden. Dann kannst du es wagen, mit den notwendigen Puffern nach außen zu gehen. Diese werden dir dann dort rasch wieder genommen. Zum einen wird dein Budget sowieso gekürzt. Auch der Auftraggeber wird nicht spontan und locker deine Zahlen mal so zur Kenntnis nehmen.

Spätestens der Einkäufer des Kunden nimmt dir dein Geld dann schon ab, da in seiner Zielvereinbarung mindestens 14 % Rabatt drinsteht, die er dir abnehmen muss. Außerdem wird dein Kunde deinen korrekten Termin so nicht akzeptieren.

Das Ergebnis ist immer gleich. Du hast weniger Geld und einen kürzeren Termin. Dafür als Ausgleich weniger Leute, die mit dir das Projekt machen. Das ist ein ehernes Gesetz.

Also kommt, wie schon ganz am Anfang erwähnt, das übliche Feilschen um Geld, Ressourcen und Termine. Nachfolgende Ausführungen sollen dir helfen, hier auf einigermaßen sicheren Beinen zu stehen. Und wenn du schon lange Erfahrung darin hast, wieder mal als Checkliste dienen, ob man sich über die Jahre nicht einfach so daran gewöhnt hat, dass es halt so ist. Vielleicht ist dieses Buch wieder mal Anlass, sich wieder einen Ruck zu geben.

Nun im Einzelnen:

Einen Terminplan machen

Wenn man ein Projekt aufs Auge gedrückt bekommen hat, sollte man schnellstmöglich die Arbeiten identifizieren können, die zu tun sind. Dazu eignet sich ein einfaches Mittel. Man legt sich nach dem Mittagessen zu einem gemütlichen Schläfchen auf das Kanapee. Kurz nach dem Erwachen holt man sich den vorher schon bereitgelegten Stift und Papier und fängt an, im Halbschlaf alle Arbeiten, die notwendig sind, aufzuschreiben.

Natürlich bist du der Einzige, der so blöd ist, sich in seiner knappen Freizeit um solche Dinge zu kümmern. Es ist aber wirklich nur die Frage, was du willst. Im Büro hast du normalerweise nicht die Ruhe, dich einzuschließen und ganz entspannt über das Projekt nachzudenken. Aber nach dem Mittagsschlaf kommen die tollsten Gedanken. Wenn dich deine Arbeit nicht interessiert, solltest du so schnell wie möglich aus dem Projekt aussteigen. Geh in die Abteilung, dann hast du am Wochenende frei.

Also nochmals: Nachdem du soeben erwacht bist, fängst du an, alles aufzuschreiben, was dir in den Sinn kommt. Bitte keinen Filter setzen. Auch wenn du dreimal dasselbe aufschreibst. Nicht filtern oder redigieren.

Schreib alle Tätigkeiten auf, die dir einfallen. Auch Meilensteine, Spezifikationen und Kommentare. Trenne nicht nach Tätigkeiten und Summenvorgängen. Schreib einfach auf. Der Witz dabei ist, dass du dein Projekt durchdenken musst. Und zwar vom Beginn bis zum Ende, einschließlich Inbetriebnahme und Wartung. Wenn du nur die Hälfte hast, ist das weniger als dreiviertel.

Keine Angst. Du wirst nie an alles denken. Aber an möglichst viel. Und du wirst staunen, was es alles zu tun gibt. Und wie vieles noch gar nicht bekannt ist. Macht nichts. Schreib in dein Buch alles, was dir einfällt. Sortieren kannst du später. Viel wichtiger ist, dass du dir klarmachst, wie wenig Zeit und Geld du hast für all die viele Arbeit, für die du kein Geld kriegen wirst, geschweige denn die Zeit dazu. Aber nur, wenn du an alle möglichen Dinge gedacht hast, und zwar schon am Anfang, hast du die Möglichkeit das Projekt in den Griff zu bekommen.

Wenn du ein bereits laufendes Projekt geerbt hast, dann ist auch das der Anlass, dir diese Gedanken zu machen. Je entspannter du über das Projekt nachdenkst, umso mehr fällt dir ein. Wenn du das in der Firma machst, garantiere ich dir, dass du mindestens eine wichtige Tätigkeit vergessen wirst. Und dann tut's richtig weh.

Wenn es ein großes Projekt ist, wird eine einmalige Kanapeesitzung nicht genügen. Da musst du dann schon noch tiefer reingehen, alte Terminpläne von Kollegen zurate ziehen müssen oder sogar eine Sitzung dafür ansetzen.

Aber dann wiederum musst du dich durch die Tätigkeiten wälzen. Und auch da hilft: Entspann dich. Wer verkrampft ist, dem fällt nichts ein. Das kennt jeder aus seiner Schulzeit. Man hat gebüffelt, alles auswendig gelernt. Dann hat der Lehrer dich aufgerufen, und nichts war mehr da. Nach der Klassenarbeit war alles ganz logisch, davor nicht.

Und so ist es mit allen Dingen im Projekt auch, die nicht Routine sind. Wenn es dir gelingt, eine möglichst vollständige Tätigkeitsliste schon am Anfang zu erstellen, dann sind die Kosten, die notwendigen Mitarbeiter und die Termine nur noch ein Abfallprodukt. Merkst du, worauf ich hinauswill? Die Zeit, die du hier investierst, sparst du mit Sicherheit mit Faktor 3 wieder ein, indem du nicht Fehler korrigieren musst, die vermeidbar waren. Einen Fehler zu korrigieren kostet Nerven, Zeit und vor allem Geld.

Und je weiter fortgeschritten das Projekt ist, umso mehr Energie musst du reinstecken, um das Schiff zu drehen. Ist der Dampfer erst dabei, Fahrt aufzunehmen, kann man noch die Richtung wechseln. Ist er in voller Fahrt, wird der Radius massiv größer, bis was passiert.

Und so ist es in deinem Projekt auch. Kurz vor Toresschluss noch ein zusätzliches, vergessenes Teil einzubauen kann dein Projekt vollends in den Abgrund reißen. So lasst uns denn gemeinsam untergehen. Wenn du dir am Anfang Gedanken machst, dann musst du schon später weniger korrigieren und die Gedanken nicht nachholen.

Natürlich weiß ich, dass die Zeit immer knapp ist, und deine Chefs und der Kunde lassen dir die Zeit nicht. Ich habe aber gelernt (auch nur per gescheiterte Projekte), dass es sich immer gelohnt hat, bereits im Vorfeld die Zeit und den Aufwand hineinzustecken. Und nicht erst am Ende mit viel Aufwand und Geld und mit schlechter Stimmung.

Ist ja auch klar. Wenn du einen Terminplan machst, der nur einen Teil dessen beinhaltet, was getan werden muss, dann ist er so wertvoll wie Modeschmuck. Nach einmaliger Verwendung ab in das Kästchen und nie wieder betrachtet. Diese Terminpläne kannst du sofort wieder vergessen und am besten gar nicht ausdrucken, sonst hält man dir diese wieder unter die Nase, wenn das Projekt am Scheitern ist.

Wenn die Tätigkeiten schon lückenhaft sind, sind auch die Ableitungen davon nur die halbe Miete. Was will ich damit sagen? Wenn deine Liste einigermaßen vollständig ist, hast du eine gute Chance, rasch festzustellen, ob das alles so geht. Jetzt am Anfang kannst du sogar noch Geld organisieren oder Termine ändern. Am Ende nicht.

Wie oben schon erwähnt, sind die Termine und Kosten, die du am Anfang genannt hast, in die Köpfe eingemeißelt. Die kriegst du nicht mehr raus. Also drück dich am Anfang um genaue Aussagen. Lass dich auch nicht auf Schätzungen ein. Auch die werden wie gottgegebene Wahrheiten gespeichert. Auch wenn du hundertmal erwähnt hast, dass das reine Schätzungen sind. Aus Schätzung wurde Annahme, aus Annahme wurde Gewissheit, aus Gewissheit wurde Fakt. Und dieser Fakt wird dann gespeichert.

Wenn du also nun alle Tätigkeiten zusammenhast, stelle dir mal die Meilensteine zusammen, die dir eingefallen sind. Hast du natürlich vergessen. Kein Problem. Meilensteine sind meist von außen auf dich einstürzende Ereignisse, die du selbst nicht beeinflussen kannst.

Der Verkauf hat die Maschine an diesem Termin mit dem Kunden abgesprochen und ohne Absprache mit dir zugesagt. Die Geschäftsleitung hat den Projektstart verpennt und nun dir das Projekt schnell aufs blaue Auge gedrückt. Der Projektstart steht nun auch. Somit hast du die beiden wichtigsten Meilensteine schon erhalten, ohne dich bemühen zu müssen. Deine Meilensteine kannst du dann gemütlich dazwischen platzieren. Das ist normal.

Auch in Firmen mit Einzelfertigung, also Firmen, bei denen das Produkt jedes Mal als Projekt aufgesetzt wird, geschieht dasselbe. Ich habe in fast allen Firmen mit dieser Konstellation erlebt, dass über den Verkauf gejammert wurde, der ohne Absprache einfach Termine zugesagt hat.

Ist ja auch klar. Der Verkauf ist der Erste, der mit dem Kunden redet. Und der Verkäufer erhält einen wichtigen Teil seines Geldes aus den Verkäufen. Warum sollte er sich seiner Provision berauben, wenn der Kunde sagt, dass er das gerne dann und dann hätte. Und du als Projektleiter hast dann das Problem. Übrigens ist das immer so, dass Nachfolgende immer weniger Zeit haben.

Deshalb ist die Montage immer der Dumme, da zuletzt beim Kunden. Dort wird immer durchgearbeitet und dann vom Service noch die letzte Änderung an der Maschine durchgeführt, während die Inbetriebnahme mit erheblicher Verzögerung schon läuft. Ein eisernes Gesetz!

So. Nachdem du die zwei wichtigsten Meilensteine bereits von außen erhalten hast, machst du dich ans Werk, deine Ideenliste vom Kanapee durchzugehen. Zuallererst musst du die Zeiten schätzen, die du für die Tätigkeiten benötigst, bzw. wie viel du deinen Kollegen zugestehen willst.

Stößt du dabei auf einen Summenvorgang, also eine Überschrift, markier sie für später. Überschriften gliedern deinen Terminplan wie dieses Buch. Was gehört zusammen und was nicht? Wo fehlt noch was?

So kann es passieren, dass du zwar eine tolle Überschrift hast, aber keine Tätigkeiten dafür. Also war dein Mittagschlaf doch nicht so entspannt. Kein Problem, das ist immer so. Je mehr du über dein Projekt grübelst, umso mehr fällt dir ein, was du vergessen hast. Wichtig ist nur, dass du einigermaßen sicher schätzt. Wenn deine Zeitannahmen falsch sind, kannst du tun, was du willst. Es wird nicht klappen.

Und woher krieg ich die Zeiten? Wenn du ein Neuling bist, frag deine Kollegen. Wenn du das als karriereschädlich erachtest, lass dir ähnliche Projekte geben und schreib ab. Übrigens wird man dir als Anfänger, sofern du dich nicht schon als Kotzbrocken eingeführt hast, gerne weiterhelfen. Denk an die Samariter. Nein, im Ernst, normalerweise helfen dir erfahrene Kollegen problemlos, sofern sie Zeit haben. Also überfalle sie nicht, sondern frag sie, ob sie dir helfen können, und richte dich nach deren Terminen. Das reicht normalerweise schon, du willst ja lernen.

Und ein guter Kollege, der sich Zeit nimmt, hilft dir da sehr viel. Wenn du dann einige Projekte erfolgreich in den Sand gesetzt hast, kannst du ja deine Termine selbst abschätzen. Man kann immer lernen. Und am meisten aus gescheiterten Projekten, sofern man bereit ist, diese auch als gescheitert zu betrachten.

Du musst das ja nicht in der Firma rausposaunen, dass du wieder mal ein Projekt versenkt hast. Nach außen ist dein Projekt prima gelaufen. Nach innen kehrst du gerade die Scherben zusammen.

Zurück zu den Terminen. Nachdem du nun die Zeiten hast, kannst du die Tätigkeiten zusammenhängen. Guck aber vorher nochmal drüber, ob du nicht zu fein geworden bist, also das Spitzen des Bleistifts auch mit drinhast. Bleib so grob wie möglich und plane so fein wie nötig. So einfach ist das und deshalb so schwierig!

Dann die Abhängigkeiten bestimmen. Auch dazu kannst du Papier verwenden. Das muss nicht sofort in einer Software passieren. Es ist viel wichtiger, dass du drübergehst und festlegst, was kommt nach was. Oft ist es banal. Und weil es so banal ist, vergisst man einiges und macht anderes falsch. Also nimm dir die Zeit, die Abhängigkeiten zu bestimmen. Sind es wirkliche Abhängigkeiten, lassen sich die Dinge wirklich nur so machen: Nach Zeichnung kommt Fertigung und sicher nicht umgekehrt.

Oder sind die Dinge nur so, weil sie mal jemand so gemacht hat. Vieles ist einfach so, weil es mal so festgelegt wurde und sich niemand die Zeit genommen hat, es anders zu machen. Außerdem, warum soll ich es ändern? Und dazu noch ohne Not? Immer so und immer so falsch gemacht ist einfacher, als etwas zu ändern, wobei man nicht weiß, ob es dann auch besser ist. Dann lieber gleich so weiter.

Wenn dann also deine Abhängigkeiten klar sind, hack das Ganze in den Rechner und lass dir deinen Terminplan rechnen. Keine Angst, du hast nicht zu viel Zeit. Dein erster Wurf ist locker mehr als 50% zu lang. Das ist normal. Das kann man schon noch reinholen. Wichtig ist nur, dass du dir deine Meilensteine holst und sinnvoll platzierst. Und was ist da sinnvoll? Es hat sich bei meinen Projekten (und das sind inzwischen so um die 100 größere, also eine gute Menge für einen Vergleich) immer bewährt, das Projekt zu vierteln. Also ein Projekt, das ein Jahr geht, sollte mindestens alle 3 Monate einen Zwischenmeilenstein erhalten. Ob es nun mal zweieinhalb oder 4 Monate für den ersten Meilenstein sind, ist dabei Nebensache. Wichtig ist nur, dass du dir Zwischenziele setzt, die du auch im Auge behältst. Denn wenn du dies nicht von Anfang an tust, passieren Verspätungen noch mit weit größerer Härte, als wenn du rechtzeitig einschreitest.

Am Anfang ist alles noch in Ordnung. Zeit ohne Ende, um es mal so richtig richtig zu machen. Am Ende fährt dann das Taxi das letzte Teil nach Paris! Das ist immer so, wenn du nicht von Anfang an die Termine und diese Meilensteine im Auge behältst. Und übrigens auch, wenn du sie im Auge hast, aber dann nicht mit so viel negativen Folgen.

Also dein Projekt gliedern. Dabei ist immer gut: Abschluss und absolut letzter Termin für die Entwicklung und Konstruktion bzw. für die Softwareentwicklung oder die Marketingstrategie. Sonst geht das immer weiter. Der Chef hat neue Ideen, der Kunde, der

Kollege, die Entwicklung selbst und so weiter. So was nennt man rollende Planung.

Mit immer neuen Ideen und Ergänzungen geht das Projekt langsam und sicher den Bach runter. An einem Punkt ist Schluss! Und den setzt du als Projektleiter und kein anderer.

Und wenn der Chef wirklich noch eine neue Idee hat, die du natürlich super findest, dann ein neuer Liefertermin und mehr Geld und Ressourcen, sprich Kollegen, die die Arbeit machen. Dann ist er plötzlich nicht mehr so sehr davon überzeugt.

Das ist mit das Schwierigste im Projekt, einen Meilenstein zu treffen und zu halten. Der Rest ist Routine. An Ideen, dein Projekt mit zusätzlichen Funktionen zu ergänzen, fehlt es nie. Aber an Geld und Kollegen, die diese Ideen noch umsetzen, während die Fertigung schon läuft.

Nicht wenige Projekte sind daran gescheitert. So werden viele Softwareprojekte ganz klein gestartet, um dann später als Hyperprojekt zu enden. Diese Projekte verlieren sich dann mit Warp 2 im All der Wünsche und werden nach Jahren und viel Geld als undurchführbar gestoppt.

Die Mechanismen dazu sind primitiv und eigentlich jedem bekannt. Und trotzdem sind dies die meistgemachten Fehler. Man hat das Projekt mit einer Funktionsliste gestartet. Nachdem sich viele Leute, auch du, mit dem Projekt auseinandergesetzt haben, merkt man, was man hätte noch alles reinpacken können. Man hat auch die Konkurrenz genauer angesehen und dabei gemerkt, was man alles vergessen hat. Und vor allem, was diese besser kann.

Und dann ist die Versuchung groß, diese Wünsche nochmal schnell in das Projekt zu packen. Vor allem die Leute, die an der Front sind, also mit den Kunden zu tun haben, werden von diesen darauf hingewiesen, dass diese Maschine, die man da gerade vollmundig angekündigt hat, vom Mitbewerber bereits seit zwei Jahren auf dem Markt ist und nur die Hälfte kostet. Stimmt zwar nicht, sichert aber dem Kunden 10 % Zusatzrabatt.

Hier sollte man sich die Theorie des unvollständigen Marktes zu eigen machen. Niemand hat einen vollständigen Marktüberblick. Und da dies so ist, lassen sich auch Dinge verkaufen, die zweitklassig sind. Somit kann dann Version 2.0 des Produkts auf den Markt kommen, während die Version 1 auf dem Markt ist und damit Geld verdient wird. Aber sie ist auf dem Markt. In dieser Zeit kann der Verkauf das Produkt verkaufen und erhält Rückmeldung vom Markt, was wie und wo noch besser gemacht werden kann.

Wird zu lange entwickelt, kann es passieren, dass eine neue Technik das Produkt überholt, ohne dass es jemals auf den Markt kommt. Die Erfahrung in vielen Firmen zeigt, dass es wesentlich besser ist, ein Produkt mit eingeschränkten Funktionen rasch auf den Markt zu bringen als mit vielen Funktionen in ein paar Jahren. Dazu gibt es Hunderte von Untersuchungen.

Und wenn das Produkt sehr komplex ist, kann es sich sogar als Vorteil erweisen, es reduziert auf den Markt zu bringen, da man nie ein vollständiges Pflichtenheft erhält. Wenn das Produkt, es kann z.B. auch Software sein, nicht zu komplex ist, sind auch Änderungen viel leichter möglich. In den letzten Jahren kann ich auch nachweisen, dass viele Produkte so komplex sind, dass die Kunden daran scheitern.

Die Diskussion um das einfache Handy, das nur telefonieren kann, ist ein schönes Beispiel. Oder die Fernbedienung, die nur der zehnjährige Tommy beherrscht, ein anderes. Und bei Software ist es schon lange bekannt. Nimmt man Word oder Excel, dann benutzen nur wenige mehr als 10% der Funktionen. Wenn ich mir die Dokumente so anschaue, die ich als Word-Datei erhalte, sehe ich häufig, dass viele Sekretärinnen (und noch mehr Kollegen von dir) den Computer nur als Schreibmaschine benutzen. Da ist die Komplexität so groß, dass sie froh sind, den Text halbwegs formatiert zu bekommen. Aber selbstverständlich will der Kunde nur das hochkomplexe Produkt, nicht das einfache.

Wenn du also deine Meilensteine halten willst, hüte dich vor der Komplexitätsfalle. An Punkt A ist Schluss mit der Wunschliste. Alles, was dann kommt, gehört in Serie B und wird dort eingebaut. Dann bist du schon nicht mehr Projektleiter, sondern in der Abteilung.

Was du nun mit den Terminen machst, ist dir überlassen. Die einen drucken sie aus, hängen sie an die Wand und ignorieren sie von da an. Andere führen sie akribisch nach, ergänzen sie täglich mit einem riesigen Aufwand. Die Wahrheit liegt, wie so oft, in der Mitte. Wenn du ein Kleinprojekt hast, das z.B. zwei Monate geht, und du guckst erst nach sechs Wochen nach den Terminen, dann hast du sicher ein Problem. Wenn du ein Fünfjahresprojekt hast und täglich deinen Plan durchsiehst, auch.

Wenn du ordentliche Kanapeearbeit gemacht hast, dann hast du dein Projekt schon im Gefühl und brauchst den Plan eigentlich nur für die anderen und um dich zu vergewissern, ob du noch auf Kurs bist, und um dich später zu rechtfertigen. Dann weißt du schon, bevor es kritisch wird, wo du stehen müsstest und was du tun kannst, um das Fiasko in Grenzen zu halten.

Auch hier gilt: Wenn du nicht weißt, wie dein Projekt laufen soll, kannst du nicht erwarten, dass es deine Kollegen wissen. Das Ganze steht und fällt mit der Tatsache, dass du weißt, was du willst und was zu tun ist. Und dieses Wissen kriegst du nur, wenn du deine Tätigkeitsliste sauber und vollständig hast. Alles andere hängt davon ab.

Lass dir nichts vormachen. Wenn deine Kollegen hier etwas anderes behaupten, dann lügen sie. Denn vielleicht hat ein Kollege schon das dreißigste gleiche Projekt gemacht und behauptet dann, dass er aufgrund seiner hohen Intelligenz keinen Terminplan braucht. Den braucht er dann auch nicht mehr, da er schon im Tagesgeschäft Projekte abwickelt. Also eigentlich gar keine Projekte mehr macht.

Wenn du dann dein Projekt möglichst vollständig hast und dann noch glaubst, es in der vorgegebenen Zeit zu schaffen, bist du bereits auf einem guten Weg. Ohne eine vollständige Tätigkeitsliste und die dazugehörigen Zeiten bekommst du nie ein Gefühl dafür, was du tun musst. Das ist eine alte, aber immer noch gültige Projektwahrheit.

Und nicht zuletzt. Wenn du nun deinen Terminplan hast, füge zwei Felder ein: Ein Feld heißt «Verantwortlich» und das andere heißt «Durchführung». In diese schreibst du bei jeder (!) Tätigkeit hinein, wer den Hut aufhat, und allenfalls wenn es ein anderer machen muss, wer das dann wirklich tut.

«Warum so aufwendig?», wirst du nun fragen. Ganz einfach. Ich habe in allen Projekten, wo viele beteiligt waren, die Zuständigen aufgeführt. Dann weiß jeder, was er zu verantworten hat. Sonst weichen sie aus und sagen, dass sie nicht wussten, dass sie das tun sollten. Außerdem kannst du dann einfach Listen nach Verantwortlichen rauslassen und denen in die Hand drücken. Die Begeisterung hält sich dann zwar in Grenzen, aber jeder ist in der Pflicht. Und die, die dann was tun müssen, wissen auch, dass sie was tun müssen. Dieses Vorgehen hat sich immer bewährt. Nimm deine Kollegen in die Pflicht!

Die Kosten ermitteln

Das ist gar nicht so schwer. Wie im richtigen Leben. Was will ich kaufen oder machen, und was brauche ich dafür? Da sollte man meinen, das wäre machbar. Doch die Wahrheit ist wie immer etwas komplizierter. Und auch unangenehmer.

Wenn du alle Tätigkeiten hast, dann hast du schon mal ein gutes Gerüst. Für die Personalkosten brauchst du dann zunächst nur die benötigten Arbeitstage einzutragen. Wenn du die verschiedenen Ressourcen mit Kostensätzen hinterlegt hast, rechnen sich diese von allein. Du wirst dann zunächst mal erschrecken. Das ist normal. Man schätzt immer zu knapp. Da noch zwei Tage, da nochmals und so weiter. Und schon ist man über die erste Schätzung hinaus und um eine Erfahrung reicher.

Hinzu kommen dann noch die Kosten, die durch andere in dein Projekt gedrückt werden. Also vom Chef für einige Funktionen, ohne die es nicht geht. Die lieben Kollegen, die da auch noch gute Ratschläge haben. Und dann will der Kunde auch noch das ohne Zusatzkosten extra, was dann dein ohnehin kleines Budget sprengt.

Wie schon am Anfang erwähnt. Wehre den Anfängen. Also halte den Beutel zu und sag nein. Das ist zwar den Kollegen gegenüber nicht nett, aber wirkungsvoll. Sollen sie ihr Budget einsetzen und nicht deins. Mit dem Geld anderer Leute ist es leicht zu glänzen. Es gibt immer Zusatzkosten. Und wenn du nicht quersubventionieren kannst, dann wird es eng.

Also mach dich daran, die Kosten, wie schon eingangs erwähnt, zu kalkulieren. Wenn deine Liste weitgehend fertig ist, mach dir Gedanken, welche Leute du brauchst und was sie kosten. Was musst du kaufen und was kostet das? Wenn du alles fein säuberlich reinhackst, hast du ruck, zuck die Kostenschätzung abgegeben. Das ist nicht viel Aufwand. Dazu brauchst du auch keine ausgefeilte Kalkulationssoftware. Die meisten machen es ohnehin in Excel. Warum nicht auch du?

Du kannst das auch einfach in MS Project machen, das geht prima. Tage zuteilen, und dann rechnet es dir sogar noch den Mittelabfluss über die Zeit aus. Dasselbe machst du mit den Kaufkosten. Da noch ein Kostenblock, da noch ein anderer. Und schon hast du alles schön zusammen.

Vergiss nicht die versteckten Kosten, auf die man erst kommt, wenn die anderen die Hand aufhalten. Zum Beispiel Labore, Gutachten, Genehmigungen, Prüfstände, Berater, Patente usw. Die sind alle nicht billig. Und wenn du intern über Profitcenter abrechnen musst, musst du auch das reinrechnen. Da hilft dann nur, die Ehdas mit einzubinden. Denk dran. Die kosten nichts mehr, da sie schon über Overhead abgerechnet werden.

Wenn du deine Kosten selbst zusammenstellen darfst oder musst, denk daran, dass man dir dieses Budget nie so genehmigen wird. Fast immer wird abgezogen. Das ist viel zu teuer, das rechnet sich nicht usw. kommt das Lamento von denen, die bei sich das Geld einfach raushauen, um ihre Karriere zu fördern. An dir wird dann gespart. Das ist halt so. Da hilft es nicht, sich zu beschweren und seinen geringen Stellenwert zu bedauern.

Reinrechnen, um dann wieder rausgerechnet zu werden, heißt die Devise. Wenn dir das gelingt, hast du das Spiel in der Hand und die ersten Weihen des Projektleiters erreicht. Keine Angst, so leicht macht man es dir nicht. Wenn ein erfahrener Controller dein Projekt durchgeht, wird es eng. Dann hat er das auch gemacht und weiß, dass du die Kosten hochrechnest. Deshalb, wie schon angesprochen, die zweitbeste Lösung anvisieren. Dann kann er nur noch die Kosten runterrechnen, nicht aber dir vorwerfen, dass du sie künstlich hochgezogen hast.

Also wenn du nun die Tätigkeitsliste durchgegangen bist, alle Ressourcen draufgepackt und dann noch die einmaligen Kosten auf den Tätigkeiten ermittelt hast, musst du noch die reinen Kosten ermitteln, die nicht in den Tätigkeiten abgebildet sind.

Nicht alles, was Geld kostet, hat auch eine Tätigkeit. Zum Beispiel musst du irgendwo eine Halle mieten, um die Maschine aufzubauen und die Abnahme vorzubereiten. Das steckt so sicher nicht in den Tätigkeiten drin.

Das erhältst du erst, wenn du die Rahmenbedingungen deiner Tätigkeiten abklopfst. Also: Was benötigt diese Tätigkeit an Hilfsmitteln? Das ist die Frage. Dann stößt du nämlich drauf, dass du für diese Arbeit eine TÜV-Prüfung brauchst oder eine CE-Prüfung usw. Und schon hast du erneut Kosten, die im ersten Kostenentwurf nicht drin sind. Und diese Kosten tun dann richtig weh. Lass dir aber nicht einreden, das sei ein wochenlanger Job.

Wenn dein Projekt über Jahre geht und Millionen verschlingt, dann mag das zutreffen. Für die meisten Projekte gilt das nicht. Wenn deine Tätigkeitsliste fertig ist, ist das nur noch sauberes Arbeiten, nichts anderes. Das verlangt keine hohe mathematische Ausbildung, sondern nur gründliches Arbeiten, mehr nicht. Überhaupt wird dein Genie nur selten gebraucht. Leider! In der Regel reicht sauberes Arbeiten, um als guter Projektleiter in Erinnerung zu bleiben.

80 % deiner Kollegen haben keine Lust und noch weniger Disziplin. Da bist du als normal und zuverlässig arbeitender Mensch schon ganz weit vorne. Ich kann aus den letzten zwanzig Jahren sofort viele Leute aufzählen, die ich für drittklassig, aber nur wenige, die ich für erstklassig halte. Und das hat beileibe nichts mit Genialität zu tun, sondern damit, sich mit seinem Job zu identifizieren.

Das kann ja auch Spaß machen, wenn man sieht, wie das Produkt wächst und das Projekt sich entwickelt, auch wenn man mehr als 37,5 Stunden arbeiten muss. Also wieder mal entspannt aufs Kanapee, und schon sind die Kosten zusammengestellt. Dann noch eine Querprüfung durch den Kollegen, der natürlich ganz andere Zahlen erhält, und schon bist du mit den Kosten im Reinen.

Und dann ab ins SAP oder sonstwohin. Fertig. Das Ganze dauert nur ein paar Tage, und schon sind die Kosten im Kasten. Selbstverständlich zu hoch angesetzt. Dafür ist der mögliche Ertrag viel zu gering. Und hier kommt es dann immer wieder zu seltsamen Verwerfungen.

Für die Berechnung, was das Projekt nun bringen wird (neudeutsch Return on Invest, kurz ROI-Rechnung) müssen die Kosten runtergerechnet werden und die Erträge hoch, damit das Projekt genehmigt wird. Das ist aber meist vor deiner Zeit. Das macht der Abteilungsleiter oder andere Leute, die ein Interesse daran haben, dieses Projekt durchzuführen. Besonders, da es ihrer Karriere förderlich ist.

Der liebe Kollege kommuniziert dann also der Geschäftsleitung, dass das Projekt nichts kostet, aber jede Menge Ertrag abwirft. Und diese Zahl steht dann im Raum und ist bei der Geschäftsleitung gespeichert.

Wenn du dann mit obiger Methode das Projekt nachrechnest, siehst du nur große Abweichungen, sonst nichts. Deine Zahl passt überhaupt nicht zu der aus der ROI-Rechnung. Im Zweifelsfall wird man natürliche deine Kosten als völlig daneben bewerten, nicht die andere. Wenn du Glück hast, war diese Rechnung lange bevor du kommst, dann weiß es vielleicht keiner mehr. Meist aber hat nur der Kollege so viel Glück. Du nicht. Dir wird man vorwerfen, nicht rechnen zu können, alles neu erfinden zu wollen und völlig unfähig zu sein, die korrekten Kosten ermitteln zu können.

In manchen Firmen habe ich auch erlebt, werden die Kosten erst gar nicht sauber gerechnet, weil sie niemand so genau kennen will. Da werden die internen Leute als Ehdas gleich gar nicht betrachtet, sondern nur die externen Kosten.

Und weil der Chef alle Käufe grundsätzlich über seinen Schreibtisch laufen lässt, werden diese Kosten genauestens nachgerechnet und wiederholt in Frage gestellt. Dass daran dann Hunderte interne Leute arbeiten und die Kosten für erneute Berechnungen und Angebote viel höher sind als die Einsparungen, wird vorsorglich nicht betrachtet. Beispiel gefällig?

Bei einem großen Konzern sollte eine Software eingeführt werden. Da wurde dann ein Team aus 10 Leuten gebildet, die sich sage und schreibe fast 30 Anbieter angehört haben, die ihre Möglichkeiten vorstellen mussten. Und das nur für die Erstauswahl, um auf die Auswahlliste zu kommen. Jede Präsentation dauerte ca. einen halben Tag. Nimmt man nun für den Tag eines Mitarbeiters

600 EUR an, dann ergibt sich die Summe von 150 Arbeitstagen oder 90 000 EUR nur für die Erstauswahl der Anbieter. Dafür kann man bereits die Software kaufen, die man einführen will.

Dabei waren schon im Vorfeld ganz viele Sitzungen gelaufen, nur um überhaupt die Anforderungen der Abteilungen festzuhalten. Es hätte vollkommen gereicht, ein kleines Team hätte sich schlaugemacht und eine Vorauswahl getroffen. Da die Ehdas aber nichts kosten, hat der Projektleiter diese Kosten auch nicht zu verantworten. Den Chefs war das gar nicht bewusst, welcher Aufwand da getrieben wurde.

Du siehst: Die Ehdas sind deine billigsten Kräfte. Spann sie ein und spare Budget. Wenn in der Firma so gerechnet wird, kannst du mit den Kosten immer mithalten, sofern es dir gelingt, die Ehdas für dich einzuspannen.

Wie man Projekte erfolgreich abschießt

Die Überschrift klingt martialisch. Ist sie auch, trifft meines Erachtens aber den Kern. Ich weiß nicht, wie viele Projekte nur dazu da sind, andere Projekte zu verhindern oder zu torpedieren. Da trifft die Sprache des Krieges wirklich zu.

In den letzten 20 Jahren habe ich fast ebenso viele Projekte angetroffen, die andere Projekte behindern sollten, als solche, die einen «normalen» Auftrag hatten und etwas voranbringen sollten. Vor allem Organisationsprojekte sind häufig dazu da, andere Projekte zu behindern.

Die Gründe sind vielfältig. Wichtig für dich ist, dass du erkennst, dass dem so ist. Und vielleicht ist es sogar sinnvoll und gut für dich, wenn du dein eigenes Projekt tötest, bevor es andere tun, indem du den Vorteil des anderen, konkurrierenden Projekts lobst. Denk einfach mal darüber nach. Die meisten Gründe für Torpedoprojekte möchte ich dir hier vorstellen. Sieh dir deine Firmenwirklichkeit einfach mal unter diesen Gesichtspunkten an. Ein erkannter Gegner hat viel von seiner Bedrohung verloren.

Zunächst müssen wir klären, ob dein Projekt von einem anderen abgeschossen wird oder ob dein Projekt ein anderes bekämpfen soll. Daraus leiten sich ja auch die Abwehrmaßnahmen ab. Grundsätzlich sind die Mechanismen dieselben. Deshalb unterscheide ich hier nicht.

Wichtig für dich ist nur, ob du damit umgehen kannst, dass du hier als Werkzeug missbraucht wirst. Denn dass dein Projekt ein anderes ver- oder behindern soll, heißt nichts anderes, als dass dein Auftraggeber dich für seine Ziele missbraucht. Das können natürlich auch deine Ziele sein, also genau anschauen, allenfalls offen diskutieren. Ist zum Beispiel deine Abteilung von Abbau oder Auflösung bedroht, kann sein Ziel dein ureigenstes sein.

Umgekehrt heißt das auch, dass dann dafür dein bester Kollege in der anderen Abteilung betroffen sein kann. Hier gilt es abzuwägen, ob du damit leben kannst, dass andere unter deinen Aktivitäten leiden, oder umgekehrt du bedroht bist und alles daransetzt, dass da nichts anbrennt.

Ich kann und will hier nicht urteilen, das ist nicht möglich. Es lohnt sich aber für dich, dass du dir stets Gedanken machst, was mit dem Projekt erreicht werden soll. Das gilt übrigens für alle Projekte.

Manchmal kommt man dann nämlich auch zu dem Ergebnis, dass dieses Projekt reiner Murks ist und besser gleich am Anfang aufgegeben wird. Aber das entscheiden häufig andere. Gründe dafür, ein Projekt zu torpedieren, gibt es verschiedene.

Zum Beispiel kann es ethische und moralische Gründe geben, ein Projekt zu verhindern. Tierversuche zum Beispiel oder dass andere ihre Arbeit verlieren. Aber auch die Karriere. Wenn das andere Projekt erfolgreich ist, kann dein Chef vielleicht nur Zweiter werden. Was ihm nicht schmeckt. Also wird er (fast) alles tun, das andere Projekt durch deines zu torpedieren, um vielleicht seine Abteilung besser hinzustellen.

Es kann sich auch um Industriespionage handeln, und dadurch erhält der Mitbewerber bessere Karten, weil dieser dann früher auf den Markt kommt. Die Chinesen leben das ja bestens vor.

Und letztendlich kann es auch nur darum gehen, dass ein Vorgesetzter seine Macht demonstriert, dass nur er das Sagen hat und das Projekt wo es nur geht verhindert. Für solche Paranoiker sind Millionen deiner Firma nichts, wenn es ihnen hilft, ihr Ego zu pflegen. Das habe ich selbst erlebt! Normalmenschen bezeichnen solche Chefs einfach als krank. Was sie auch sind.

Zurück zum Thema. Der Möglichkeiten, ein Projekt abzuschießen, sind viele. Diese möchte ich nun beleuchten. Ich betrachte jetzt mal den gemeinen Fall, dass dein Projekt abgeschossen werden soll. Also: Der Gute bist du!

1. **Kein Geld**

   Das häufigste und einfachste Mittel, um ein Projekt zu be- und verhindern ist, ihm die nötigen Mittel zu versagen. Die benötigten Mitarbeiter werden durch die andere Abteilung nicht bereitgestellt. Sie sind überlastet und müssen anderes tun. Dein

Projekt hat keine Priorität und so weiter. Es gibt viele Gründe, warum Leute nicht zur Verfügung stehen.

Achte dabei darauf, ob es nicht wirklich gute Gründe sind, warum die Personen für dein Projekt nicht zur Verfügung stehen. Lass dir dein Urteil nicht durch deine Vorurteile trüben. Aber oft ist es einfach die fehlende Priorität deines Projekts, warum die Ressourcen nicht da sind.

Dazu werden dann auch gerne mal die fehlenden Fähigkeiten angeführt. Das kann nur Maier machen, und der ist in einem anderen Projekt eingebunden. Oder die Motivation für dich ist gleich null. Oder weil man dich nicht mag, du hast dich das letzte Mal als Kotzbrocken in der Abteilung empfohlen.

Das hat dann nichts mit deinem Projekt zu tun, aber ganz viel mit deinen Fähigkeiten als Projektleiter. Das sollte oben ja bereits angesprochen sein.

Man kann dich auch behindern, indem zum Beispiel ein Zugang zu einem Plotter lange nicht zur Verfügung steht oder eine notwendige Ausbildung. Da könnte man noch Hunderte Gründe anführen, warum Ressourcen nicht zur Verfügung stehen. Schau einfach mal genauer hin und überlege dir, warum.

Wenn du das geklärt hast, kannst du auch aktiv werden und allenfalls das Problem einfach lösen, ohne dass du viel Aufhebens darum machen musst. Da hilft dann auch oft, dass du bei deinen Kollegen beliebt oder geachtet bist. Dann kann man häufig auf dem kleinen Dienstweg etwas erreichen.

2. Fehl- oder Falschinformation

Ein weiteres beliebtes Mittel sind fehlende oder falsche Informationen. Das einfachste Mittel ist, dir eine wichtige Information vorzuenthalten. Dann läufst du gegen die Wand, und der andere entschuldigt sich dann wortreich, dass das schiefgelaufen ist, aber er ist sich sicher, dass er dir die E-Mail geschickt hat. Leider warst du im Urlaub. Pech für dich.

Oder es werden Versuche lückenhaft dokumentiert, sodass bestimmte Ergebnisse nicht so vorliegen, wie du sie brauchst. Bis hin zu Fälschungen und offener Lüge habe ich alles schon erlebt.

Beispiel gefällig? Bitte:

Wir hatten ein Projekt in der Tochter eines großen Konzerns. Dort sollten mit Hilfe einer SAP-Auswertung die laufenden Kosten direkt in ein anderes Planungstool geschrieben werden. Die Controllerin und die SAP-Freunde wollten dies verhindern. Die Gründe sind uns nie klargeworden. Nun kam es nach Wochen interner Querelen des Projektleiters (also unseres Auftraggebers und den Gegnern) zu einer Kampfsitzung (siehe Sitzungswesen) bei der beide (Controllerin und SAP-Chef) behauptet haben, dass sie das mit dem Standard SAP auch könnten, das sei kein Problem. Der Projektleiter und wir konnten technisch nachweisen, dass es an einem Punkt in SAP eine N:N-Beziehung gibt, die das gewünschte Ergebnis gar nicht liefern konnte. Der Auftraggeber aber wollte sich mit seinen SAP-Leuten nicht anlegen und entschied, dass es nur mit SAP gemacht werden sollte. Ergebnis: Es gab nie ein Ergebnis.

Also auch das Wissen um solche Mechanismen hat uns damals überhaupt nichts genützt. Unser Projekt war tot. Obwohl beide offen gelogen hatten, gab es keine Konsequenzen. Manchmal geht es ganz einfach. Man muss nur frech genug sein.

Ein weiteres beliebtes Mittel sind die berühmten CC:s und die noch wichtigeren BCC:s. Die CC:s dienen meist dazu, etwas eskalieren zu lassen. Der andere kriegt mit, dass man jetzt die nächste Instanz eingeschaltet hat. Wenn Chefs dafür empfänglich sind, haben sie täglich Dutzende davon im E-Mail-Verkehr. Und die BCC:s sind natürlich noch gefährlicher, da du nichts davon weißt. Das geht manchmal so weit, dass man sich so über dich lustig macht. Alle lachen sich schief, nur du ahnst nichts. Ein Sprichwort zu diesem Thema ist eine gute Zusammenfassung: «Alles wissen geht über alles haben.» Informationen sind der Schlüssel zum Erfolg.

3. Finanzielle Kürzungen

Und natürlich das Geld. Wenn dein Projekt kein Geld hat, kannst du strampeln, so viel du willst. Wenn du die Verfügungsgewalt nicht hast, dann bist du ganz einfach auszubremsen.

Achte vor allem darauf, dass man dir nicht auf halber Strecke das Geld kürzt. Dann ist dein Projekt nicht mehr als wichtig eingestuft. Und somit hat sich ein anderes Projekt das Geld gesichert. Sieh mal nach, wer keine Kürzungen erlitten hat. Bei allen Kürzungsrunden habe ich immer erlebt, dass einige Projekte keine Kürzungen erlebt haben. Und das hatte immer einen Grund, der meist nicht im Projekt selbst lag, sondern zum Beispiel daran, dass der Projektleiter der Sohn des Geschäftsführers war, das Projekt das Steckenpferd des Chefs unterstützte oder Ähnliches.

Ein wichtiges Gegenmittel gegen diese Kürzungen ist die Querdeckung deines Projekts durch ein anderes. Dazu benötigst du in der Regel nur die Unterstützung deines Chefs. Dann werden Gelder des anderen Projekts für dein Projekt verwendet. Und schon läuft es wieder wie geschmiert.

4. Technik

Das nächste Verhinderungsargument ist die Technik. Man kann technisch fast alles verhindern oder ermöglichen. Eine beliebte Möglichkeit, dein technisches Projekt zu torpedieren, ist die Schaffung stets neuer Möglichkeiten.

Das muss auch noch rein, das wäre toll oder im umgekehrten Fall veraltete Technik vorzuschlagen, um später darauf zu verweisen, dass man beim Markteintritt schon veraltet ist. Hier muss man sehr genau aufpassen, dass man seinen Kollegen nicht unrecht tut. Ich habe nicht nur einmal erlebt, wie ein Projekt technisch verhindert wurde.

Dabei wird häufig auch das Pflichten- und Lastenheft verwendet. Wenn ständig neue Ziele in ein Projekt kommen, kann man dieses jahrelang am Leben halten, ohne dass es vorankommt. Auch das ist nicht immer böser Wille. Hier liegt es dann an dir, diese Leute zu bremsen und darauf zu verweisen, dass das Projekt nicht vorankommt.

Bösartige Kollegen nutzen dazu gerne die Techis. Diese sind meist ja in die Technik verliebt und möchten stets das Neueste und Beste in die Entwicklung einbauen. Und technisch orientierte Projektleiter lassen sich gerne vom Neuesten anstecken.

Man kann es auch einfach so machen, dass man dir unrealistische Ziele gibt. Dann kann dein Projekt nur scheitern, insbesondere in der Zeit. Und deine Gegner werden dann lustvoll darauf hinweisen, dass dein Projekt heillos im Verzug ist. Da ist es dann besser, es gleich aufzugeben und einen fähigen Projektleiter damit zu beauftragen bzw. das Projekt in der anderen Abteilung anzusiedeln. Oder noch besser: Das Projekt wird eingestellt. Dies gehört auch gleich zum 5. Punkt

5. **Organisationschaos**

Um ein Projekt zu torpedieren, kann man immer die Organisation für sich arbeiten lassen. Insbesondere bei großen Organisationen hat keiner einen Überblick. Also kann man die Entscheidungswege für sich arbeiten lassen.

Da das Steering Commitee nur alle drei Monate tagt, muss dein Projekt eben so lange bis zur Entscheidung warten. Und danach ist dann der Zuständige in der Abteilung nicht da, und dein übernächster Chef möchte nochmals alles kleinlich erklärt haben. Da sind dann locker 5 Monate ins Land gegangen, der Termin ist aber geblieben. Beste Aussichten für dich zu scheitern.

Man kann dir auch die «richtigen» Leute geben. Zum Beispiel gibt es Kollegen, mit denen niemand arbeiten will. Dann hast du plötzlich Leute in deinem Team, die sind sich spinnefeind oder schlicht unfähig. Und was machst du dann? Wenn du Einfluss hast, dann verhinderst du das gleich, wenn nicht, kannst du nur damit leben. Die Feinde deines Projekts lachen sich schon ins Fäustchen. Den Kollegen ist man los, und du hast ein Problem. Besser kann es nicht laufen. Natürlich für die anderen.

Auch beliebt ist die Methode, dir keine Befugnisse einzuräumen. Wenn du alles genehmigen lassen musst, dann dauert alles zu lange. Dein Chef oder Auftraggeber ist nicht da, er hat keine Lust, eine Entscheidung zu fällen und so weiter. Auch hier hast du nur wenig Chancen, erfolgreich zu sein. Denn gegen die Organisation ist man machtlos wie Don Quijote. Du rennst dagegen an, aber die Organisation gewinnt. Deshalb lohnt der Kampf dagegen meist nicht.

Aufgrund der vielen Regularien von Seiten der Kunden und des Gesetzgebers in den letzten Jahren neigen viele Firmen nun auch dazu, alles in ISO-Normen und Qualitätsnormen festzulegen. Da werden Unmengen von Geld vernichtet, ohne je einen Mehrwert zu schaffen. Nun rafft die Bürokratie noch mehr deiner Zeit an sich. Und immer mehr Leute beschäftigen sich damit, andere zu behindern und diesen Vorschriften zu machen. Und da das Haftungsrecht nun auch die Bosse bedroht, sichern diese sich immer mehr ab, sodass sie kein Risiko mehr tragen. Nur noch das Risiko, ihr hohes Gehalt rechtzeitig auf die Bank zu bringen.

Und somit lähmen sich die Firmen durch die Organisation oft selbst. Und diese, richtig gegen dich eingesetzt, kann dein Projekt wunderschön töten. Wenn du schlau bist, kannst du dann diese wiederum auf deine Gegner hetzen. Der Hinweis, warum das andere Projekt die Dokumentation nicht sauber führt, an der richtigen Stelle eingespeist, kann die ganze Firma auf Trab bringen. Ob dies dann nur noch ein Racheakt ist oder tatsächlich dein Projekt rettet, kann hier natürlich nicht beantwortet werden. Du musst nur entscheiden, was du erreichen willst.

Fazit

Ich habe nun viele Ideen, Beispiele und Erklärungen zusammengestellt und beschrieben. Das meiste wirst du schon gekannt haben, manches so nicht akzeptieren, weil du es anders erlebt hast. Das ist mir durchaus bewusst. Aber wie schon erwähnt, sollte das Buch unterhalten und wieder neue Anregungen geben.

Ich hoffe du hast bemerkt, dass es eigentlich nur auf wenige Dinge wirklich ankommt.

1. Der wichtigste Förderer oder Verhinderer deines Projekts bist du selbst. Alles andere ist marginal. Du bist die treibende Kraft hinter der Aufgabe bzw. dem Projekt. Basta. Lass dir bloß nicht einreden, das wäre nicht so. Vor allem nicht von dir selbst!
2. Wie schon am Anfang erwähnt, benötigst du eigentlich nur wenige Dinge wirklich, um dein Projekt im Griff zu haben:
   a. Selbstdisziplin und strukturiertes Arbeiten als Allerwichtigstes. Wer keinen Plan hat, kann auch nicht planen.
   b. Deine «Aufschreibe» (also das berühmte Buch)
   c. Gute Kollegen und Kolleginnen, die dich mögen und dir helfen. Und dazu musst du einiges tun
   d. Und nicht zuletzt: Ein gutes Nervenkostüm.

Alles andere ist zwar auch wichtig, aber nur am Rande. Wenn du obiges nicht hast oder haben willst, dann wirst du in jedem Projekt schwimmen und meistens scheitern. Dann mache lieber Dienst nach Vorschrift.

Wenn du auch Beispiele zu einem der Punkte aus diesem Buch hast, so wäre ich froh, wenn du mir eine E-Mail schreibst. Selbstverständlich bleibt die Info, wer mir das geschrieben hat, bei mir. Ich würde gerne ein Buch nur mit Beispielen aus der Praxis zusammenstellen. Arbeitstitel: Aus den Fehlern und Problemen anderer lernen und sich verbessern. Es dürfen natürlich auch Erfolge drinstehen. Da lernt man wahrscheinlich am meisten. Selbstverständlich werden die Akteure so verändert, dass keiner deine Person oder Firma erkennt. So wie ich meine Beispiele immer so verändert habe, dass niemand einen Kunden erkennt. Die Beispiele müssen nur korrekt und wahr sein. Keine Phantasiegeschichten. Bitte schreib auch dazu, ob es irgendwann veröffentlicht werden darf und ob mit oder ohne Namen.

Also schreib mir: Buch@gerhardkrug.de, auch wenn du anderer Meinung bist zu einem Thema oder wenn dir etwas gut gefallen hat. Auch ich habe noch lange nicht ausgelernt und freue mich auf Rückmeldungen der Projektleiter oder der Vorgesetzten, die sich geärgert haben, dass ich so viel Negatives über sie geschrieben habe. Falls es länger dauert, bis ich mich melde: Nicht verzagen. Ich bin halt viel unterwegs. Möchte mich aber auf jeden Fall bei dir melden. Also Geduld und bis dahin gute, erfolgreiche Projekte, und spar an deiner Arbeit!

Gerhard Krug im Mai 2008